AF329137

4.S
3078

1920

MINISTÈRE DE L'AGRICULTURE

DIRECTION GÉNÉRALE DES EAUX ET FORÊTS

STATION
DE RECHERCHES ET D'EXPÉRIENCES

PARIS
IMPRIMERIE NATIONALE

1920

NOTE

SUR

LE CALCUL DES MURS DE SOUTÈNEMENT

ET DES BARRAGES RECTILIGNES

EMPLOYÉS D'UNE MANIÈRE COURANTE

DANS LES TRAVAUX DE L'ADMINISTRATION DES EAUX ET FORÊTS,

PAR

M. BERNARD,

PROFESSEUR À L'ÉCOLE NATIONALE DES EAUX ET FORÊTS.

———

AVANT-PROPOS.

La présente Note sur le calcul des murs de soutènement et des barrages employés d'une manière courante dans les travaux de l'Administration des Eaux et Forêts a été rédigée en 1906, à très peu de chose près sous la forme qu'elle revêt aujourd'hui.

Le premier ouvrage de Résal, sur la poussée des terres et la stabilité des murs de soutènement [1], avait vu le jour trois ans auparavant, mais le deuxième volume du même auteur sur cette matière ne devait paraître qu'en 1910.

Le problème très limité que nous abordions avait été résolu depuis longtemps (1891) par le très regretté E. Thierry, professeur à l'École nationale des Eaux et Forêts, dans la première édition de son livre sur la *Restauration des montagnes* [2]. La solution qu'il en avait donnée se retrouve dans la deuxième édition de ce livre, modifiée toutefois pour tenir compte des travaux de J. Résal, Maurice Lévy et Bouvier, et complétée par l'examen des conditions de résistance à l'écrasement de la portion de l'ouvrage enterré dans les fondations. — Dans la première édition, l'auteur n'avait considéré que la portion de l'ouvrage faisant saillie au-dessus du sol.

[1] *Poussée des terres, Stabilité des murs de soutènement*, par Jean RÉSAL, Ingénieur en chef, professeur à l'École des Ponts et Chaussées. Paris, 1903, Béranger, éditeur, 15, rue des Saints-Pères.
Poussée des terres (2ᵉ partie). Même auteur et même éditeur, 1910.
Ces deux ouvrages font partie de l'*Encyclopédie des Travaux publics*.
[2] *Restauration des montagnes, Correction des torrents, Reboisement*, par E. THIÉRY, professeur à l'École nationale des Eaux et Forêts. Paris, 1891 (1ʳᵉ édition); 1914 (2ᵉ édition), Béranger, éditeur (*Encyclopédie des Travaux publics*).

 4° S 3078

La même question a été traitée dans l'étude très complète. publiée par la Direction générale des Eaux et Forêts, en 1911. sous le titre : *Restauration et conservation des terrains en montagne* (1re Partie, pages 165 et suiv.)[1]. Les forestiers chargés de la Restauration des montagnes devront toujours avoir présentes à l'esprit les directives qui leur ont été ainsi tracées et qui sont venues remplacer, en quelque sorte, celles contenues dans les ouvrages fondamentaux de P. Demontzey[2].

Enfin le problème qui retient notre attention a été abordé, sous un aspect plus général, par tous les auteurs de traités sur les constructions en maçonnerie et en particulier par M. Lévy Salvador dans son livre sur l'*Hydraulique agricole*[3] et par Flamant dans «*Stabilité des constructions. — Résistance des matériaux*»[4].

Quoi qu'il en soit, au début de l'année 1907, l'Administration ayant fait des remarques extrêmement intéressantes à propos des dimensions de quelques barrages projetés dans un torrent de Savoie, nous nous décidions à lui soumettre notre étude, dans la forme qu'elle avait alors. Sur la proposition de nos chefs, qui nous donnèrent ainsi un témoignage de leur bienveillance et parmi lesquels je me fais un devoir de reconnaissance de citer M. P. Mougin, aujourd'hui Inspecteur général des Eaux et Forêts, M. le Conseiller d'État, Directeur général, voulut bien, à la date du 20 décembre 1907, autoriser l'emp i de notre méthode de calcul pour l'établissement des projets de travaux de la 5e Conservation. où nous étions alors en service.

La pensée ne nous était pas venue, à cette époque, de publier notre travail. L'apparition récente des ouvrages spéciaux que nous avons cités n'aurait pu que nous décider à conserver la même réserve, si la guerre n'était venue éclaircir effroyablement les rangs de nos jeunes camarades et, par contre-coup, diminuer le temps que ceux qui restent peuvent consacrer à l'étude approfondie de leurs projets. N'était-il pas opportun de venir en aide à ces derniers et de leur faire connaître le moyen d'éviter de longs et souvent fastidieux calculs?

Une autre conséquence de la guerre a été l'élévation considérable des prix des salaires et des matériaux de construction et, par suite, une augmentation énorme des prix de revient des constructions en maçonnerie. Dès lors, la plus stricte économie doit présider à l'exécution des ouvrages. et ceux-ci, aujourd'hui plus encore qu'à toute autre époque, doivent être réduits aux dimensions strictes leur permettant de résister aux efforts auxquels ils sont soumis. En dépassant ces dimensions. non seulement on engagerait une dépense inutile, mais en outre on emploierait des matériaux et une main-d'œuvre qui trouveraient ailleurs, dans les régions libérées en particulier, une utilisation plus judicieuse et plus productive.

Économie de temps, économie d'argent doivent être recherchées dans tous les domaines de l'activité nationale. Nous pensons que l'adoption de notre méthode de

---

[1] Ministère de l'Agriculture, Direction générale des Eaux et Forêts : *Restauration et conservation des terrains en montagne*. Paris, 1911, Imprimerie nationale.

[2] *Étude sur les travaux de reboisement et de gazonnement des montagnes*, par P. Demontzey. Paris, 1878, Imprimerie nationale.

Traité pratique du reboisement et du gazonnement des montagnes, par le même auteur. Paris, 1882, J. Rotschild, 13, rue des Saints-Pères.

[3] *Hydraulique agricole*, par Paul Lévy Salvador. Paris, Dunod et Pinat, éditeurs, 49, quai des Grands-Augustins (Bibliothèque des conducteurs des Travaux publics).

[4] *Stabilité des constructions, Résistance des matériaux*, par A. Flamant. Paris, Béranger, éditeur, 15, rue des Saints-Pères.

calcul est capable de procurer l'une et l'autre dans le champ restreint de la restauration des montagnes, mais nous devons à la vérité de dire que les considérations que nous venons de faire valoir ne sont pas celles qui nous ont finalement déterminé à livrer notre travail à la publicité.

Pour qu'une étude quelconque soit profitable aux intérêts de tous, il faut qu'elle puisse être mise sous les yeux de ceux qui, de par leurs fonctions, sont en situation d'en appliquer les résultats aux problèmes qu'ils ont à résoudre dans la pratique.

Or, jusqu'ici, dans quelle publication une étude comme la nôtre, s'adressant à un personnel peu nombreux, pouvait-elle prendre place avec quelque chance de parvenir à la connaissance de ceux qu'elle intéresse ?

Poser la question et en même temps ne pouvoir y répondre d'une manière satisfaisante, c'est faire ressortir le grand service rendu à notre Administration par M. Dabat, notre éminent Directeur général, lorsqu'il décida de publier les recherches du genre de celles dont il s'agit ici dans le *Bulletin de la Direction générale des Eaux et Forêts* (2ᵉ Partie, Eaux et améliorations agricoles), en attendant que la Station de recherches de l'École nationale des Eaux et Forêts soit pourvue d'un organe de publicité spécial, dans lequel elles auraient leur place tout indiquée.

Ayant ainsi exposé les raisons pour lesquelles nous avons cru devoir, dans les circonstances actuelles, faire connaître nos résultats à nos camarades, il nous reste à indiquer le but que nous avons cherché à atteindre.

Nous avons voulu, avant tout, réduire dans la plus large mesure possible la longueur des calculs à effectuer pour déterminer l'épaisseur au couronnement d'un mur de soutènement ou d'un barrage de hauteur totale préalablement fixée. Nous nous sommes donc placé dans le cas plus simple et le plus généralement adopté en pratique, celui où la section de l'ouvrage a la forme d'un trapèze rectangle, correspondant à un couronnement et à une base inférieure horizontaux, à un parement amont vertical et à un parement aval incliné avec un certain fruit sur la verticale. D'autre part, en pratique, les valeurs du fruit les plus ordinairement employées sont : 0,20 pour les ouvrages en maçonnerie de mortier et 0,25 pour ceux en maçonnerie de pierre sèche. Les formules auxquelles nous sommes arrivé permettent de résoudre le problème posé dans le cas où le fruit a une valeur quelconque, aussi bien pour les murs de soutènement que pour les barrages. Mais, pour ce qui concerne ces derniers, nous donnons, en outre, des tables graphiques qui conduisent au résultat cherché avec une très grande rapidité, si toutefois le fruit adopté est de 0,20 ou de 0,25.

De nombreux exemples numériques complètent les exposés et font mieux comprendre le mécanisme des calculs.

Peut-être aurions-nous pu éviter de recourir, aussi fréquemment que nous l'avons fait, aux principes de la géométrie analytique et nous borner, par exemple, à indiquer que telle ou telle courbe du second degré serait construite par points, à l'aide de la formule donnant la valeur de l'ordonnée en fonction de celle de l'abscisse. Du moins, constatera-t-on que les notions auxquelles nous avons fait appel ne sortent pas du cadre des connaissances courantes du plus grand nombre de ceux à qui nous nous adressons. Les nombreux exemples numériques donnés suffiront d'ailleurs pour guider et conduire au but ceux qui ne posséderaient pas les connaissances élémentaires dont il s'agit.

La recherche de la poussée s'exerçant contre un mur de soutènement a été faite en tenant pour exacte l'hypothèse de Coulomb (hypothèse du prisme de plus grande poussée).

Cette hypothèse, surtout depuis la publication des ouvrages de Rankine et de Résal, n'est plus acceptée; mais, comme le rédacteur de l'ouvrage publié en 1911 par l'Administration des Eaux et Forêts, nous estimons qu'elle peut sans inconvénient être adoptée pour les murs de soutènement de faible hauteur, sous la double condition :

1° Que les terres à soutenir soient limitées par un plan sans surcharge;

2° Qu'il ne s'agisse pas de terres en mouvement.

La première condition se trouve généralement réalisée dans les travaux exécutés dans les périmètres de restauration. La deuxième ne l'est pas toujours, mais on sait que les murs de soutènement sont rarement employés pour stabiliser les terrains mouvants des bassins torrentiels : les glissements de terrains y sont combattus par des moyens plus économiques et vraisemblablement tout aussi efficaces.

En ce qui concerne le calcul de la pression maximum sur la base horizontale des ouvrages à profil trapézoïdal, nous nous en sommes tenu à la théorie élémentaire de l'élasticité qui conduit à ce que certains ont désigné sur le nom de «loi du trapèze». Mais nous avons fait intervenir la notion de pression maximum, précisée par M. Maurice Lévy, considérant que la notion de même nature, introduite par M. Bouvier, convenait moins bien à notre cas particulier.

Depuis longtemps, nous avions reconnu que les barrages dits «curvilignes», construits d'après les idées adoptées dans notre Administration, ne présentaient pas une plus grande solidité que les ouvrages rectilignes. Nous n'avions donc, en 1906, envisagé que le cas de ces derniers. Les récents travaux de M. Résal sur les barrages curvilignes[1] n'ont fait que nous confirmer dans notre manière de voir, cet auteur ayant montré que la forme curviligne ne pouvait être avantageuse que dans le cas de barrages très hauts et très étroits, conditions qui ne sont qu'exceptionnellement réalisées dans la pratique forestière courante.

Au commencement de cet Avant-propos, nous disions que notre étude de 1906 avait été rédigée à très peu de chose près sous la forme qu'elle revêt aujourd'hui. Seuls les paragraphes relatifs à la détermination semi-graphique de l'épaisseur à donner au couronnement d'un mur de soutènement ou d'un barrage sont réellement nouveaux. Nous tenons à remercier ici notre camarade et collègue M. F. Cretin, chargé du cours de construction à l'École nationale des Eaux et Forêts, qui a bien voulu nous faire profiter de sa grande expérience et ainsi nous faciliter la rédaction de ces paragraphes.

En terminant, il nous semble nécessaire de répondre d'avance aux critiques de ceux qui, considérant comme inutiles les travaux d'art toujours coûteux exécutés pour corriger les torrents, trouveront peut-être inopportune la publication de la présente Note sur le calcul des murs de soutènement et des barrages. Ils liront une réponse toute prête à leurs critiques s'ils veulent bien se reporter au paragraphe intitulé : «Utilité des travaux de correction» de l'ouvrage que nous avons plusieurs fois déjà cité, publié par notre Administration en 1911. Nous partageons entièrement les idées qui y sont développées. Elles demeurent l'expression de la vérité, même après le vote de la loi de 1913 qui a modifié de si heureuse façon celle de 1882 à laquelle tant de reproches, d'ailleurs souvent justifiés, ont été adressés.

[1] *Annales des Ponts et Chaussées* (Partie technique). Année 1919, volume II (mars et avril).

Puissent les résultats que nous présentons aux forestiers qui continuent l'œuvre de la Restauration des montagnes leur faciliter l'étude des projets de travaux nécessités par la correction des torrents dangereux, nombreux encore, malgré les efforts déjà faits depuis soixante ans pour améliorer le régime des eaux dans les régions montagneuses françaises.

PREMIÈRE PARTIE.

MURS DE SOUTÈNEMENT.

POUSSÉE DES TERRES SUR UN MUR DE SOUTÈNEMENT.

Soient (fig. 1) : $AB = h$ la hauteur du mur ; α l'angle d'inclinaison sur l'horizon de la surface des terres qui s'appuient contre le mur ; a l'angle du plan de rupture avec

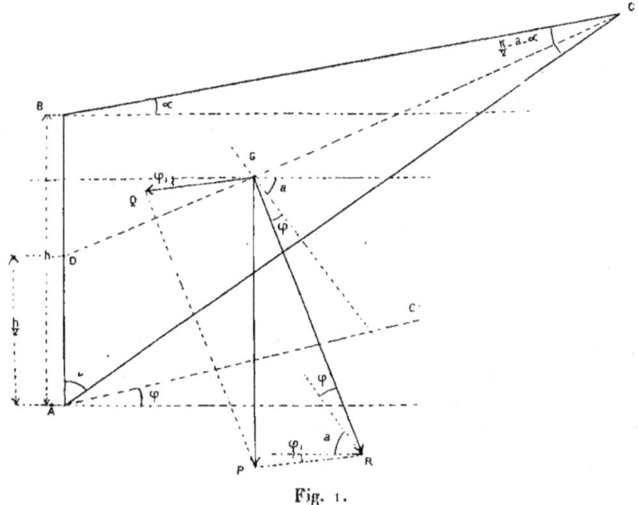

Fig. 1.

la verticale ; φ l'angle de frottement des terres sur les terres ; φ_1 l'angle de frottement des terres sur la maçonnerie ; ω la densité des terres. Désignons par G le centre de gravité du triangle ABC.

Exprimons h en mètres et ω en tonnes par mètre cube.

Le poids total P du prisme ou coin de poussée ABC sur 1 mètre de largeur du mur est :

$$P = \frac{1}{2} h\omega AC \sin a,$$

or, dans le triangle ABC, on a

$$\frac{h}{\sin\left(\dfrac{\pi}{2}-a-\alpha\right)} = \frac{AC}{\sin\left(\dfrac{\pi}{2}+\alpha\right)},$$

d'où

$$AC = h\,\frac{\cos\alpha}{\cos(a+\alpha)}.$$

et, par suite,

$$P = \frac{1}{2}h^2\omega\,\frac{\sin a\,\cos\alpha}{\cos(a+\alpha)}.$$

Calculons la poussée Q qui s'exerce contre le mur. Le triangle PGR donne

$$\frac{GP}{(\sin\varphi+\varphi_1+a)} = \frac{RP}{\sin\left(\dfrac{\pi}{2}-a-\varphi\right)},$$

d'où

$$\frac{P}{\sin(\varphi+\varphi_1+a)} = \frac{Q}{\cos(a+\varphi)},$$

et

$$(I) \qquad Q = P\,\frac{\cos(a+\varphi)}{\sin(\varphi+\varphi_1+a)} = \frac{1}{2}h^2\omega\,\frac{\sin a\,\cos\alpha}{\cos(a+\alpha)}\times\frac{[\cos(a+\varphi)}{\sin(\varphi+\varphi_1+a)}.$$

Cette formule de la poussée sur le mur montre que pour

$$a = 0 \quad \text{et} \quad a = \frac{\pi}{2}-\varphi$$

la poussée est nulle.

Le dernier de ces deux cas est réalisé lorsque le plan de rupture AC est en AC', incliné sur l'horizon d'un angle égal à φ.

Si donc on fait varier l'angle a de 0 à $\dfrac{\pi}{2}-\varphi$, c'est-à-dire si l'on déplace le plan de rupture de la position verticale AB à la position AC', la poussée Q passe par un maximum.

Dans l'incertitude où l'on est de la véritable valeur de l'angle a et par suite de la véritable valeur de la poussée Q, il convient évidemment de faire en sorte que le mur soit à même de résister à la poussée la plus grande qui puisse se produire, et il est indiqué, par conséquent, de se placer dans le cas où l'angle a a la valeur qui rend maximum l'expression

$$(II) \qquad \frac{\sin a\,\cos\alpha\,\cos(a+\varphi)}{\cos(a+\alpha)\,\sin(\varphi+\varphi_1+a)}$$

et de chercher la valeur maximum de cette expression.

La méthode suivante, qui d'ailleurs n'est pas absolument nouvelle, nous a paru la plus propre à employer pour obtenir ce résultat.

Considérons (fig. 2) deux axes de coordonnées yOx. Portons sur Ox les valeurs du facteur $\dfrac{\sin a \cos \alpha}{\cos (a + \alpha)}$. Soit P l'un des points obtenus. Menons par P une parallèle à la direction de la poussée sur le mur et par O une parallèle à ·la poussée exercée sur

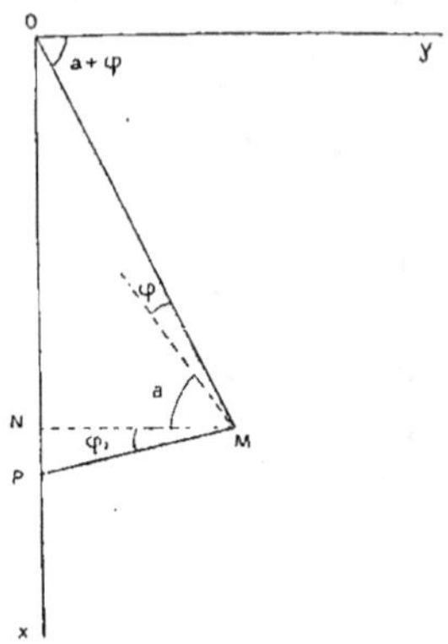

Fig. 2.

le plan AC. Soit M le point de rencontre de ces deux lignes $\left(\text{Le triangle OPM n'est autre chose que le dynamique des forces P, Q, R réduites dans le rapport } \dfrac{1}{\frac{1}{2} h^2 \omega}\right)$.

Le triangle OMP donne

$$\frac{MP}{\cos (a + \varphi)} = \frac{OP}{\sin (\varphi + \varphi_1 + a)} = \frac{\dfrac{\sin a \cos \alpha}{\cos (a + \alpha)}}{\sin (\varphi + \varphi_1 + a)},$$

d'où

$$MP = \frac{\sin a \cos \alpha \cos (a + \varphi)}{\cos (a + \alpha) \sin (\varphi + \varphi_1 + a)}.$$

C'est-à-dire que MP est égale à l'expression dont nous cherchons la valeur maximum. Soient x et y les coordonnées du point M. On a :

$$\begin{cases} \dfrac{y}{x} = \operatorname{cotg} (a + \varphi) \\ x + NP = OP \end{cases}$$

ou

$$\begin{cases} \dfrac{y}{x} = \dfrac{1 - \operatorname{tg} a \operatorname{tg} \varphi}{\operatorname{tg} a + \operatorname{tg} \varphi} \\ x + y \operatorname{tg} \varphi_1 = \dfrac{\sin a \cos \alpha}{\cos (a + \alpha)} \end{cases} \qquad \text{ou} \qquad \begin{cases} \operatorname{tg} a = \dfrac{x - y \operatorname{tg} \varphi}{y + x \operatorname{tg} \varphi} \\ x + y \operatorname{tg} \varphi_1 = \dfrac{\operatorname{tg} a}{1 - \operatorname{tg} a \operatorname{tg} \alpha}, \end{cases}$$

et, en éliminant $\operatorname{tg} a$,

$$\text{(III)} \qquad (x + y \operatorname{tg} \varphi_1) [y (1 + \operatorname{tg} \varphi \operatorname{tg} \alpha) + x (\operatorname{tg} \varphi - \operatorname{tg} \alpha)] - x + y \operatorname{tg} \varphi = 0,$$

Telle est l'équation de la courbe décrite par le point M lorsqu'on fait varier l'angle α que fait le plan de rupture avec la verticale. Cette courbe est une hyperbole passant par l'origine des coordonnées. Nous pourrions la tracer facilement si nous connaissions ses asymptotes.

Les directions asymptotiques sont:

$$\left\{ \begin{array}{l} x + y \operatorname{tg} \varphi_1 = 0 \\ x (\operatorname{tg} \varphi - \operatorname{tg} \alpha) + y (1 + \operatorname{tg} \varphi \operatorname{tg} \alpha) = 0 \end{array} \right. \quad \text{ou} \quad \left\{ \begin{array}{l} y = - x \operatorname{cotg} \varphi_1 \\ y = - x \operatorname{tg} (\varphi - \alpha). \end{array} \right.$$

De plus, la tangente à l'origine est :

$$- x + y \operatorname{tg} \varphi = 0 \qquad \text{ou} \qquad y = x \operatorname{cotg} \varphi.$$

La figure 3, ci-contre, donne le tracé des directions asymptotiques et de la tangente à l'origine.

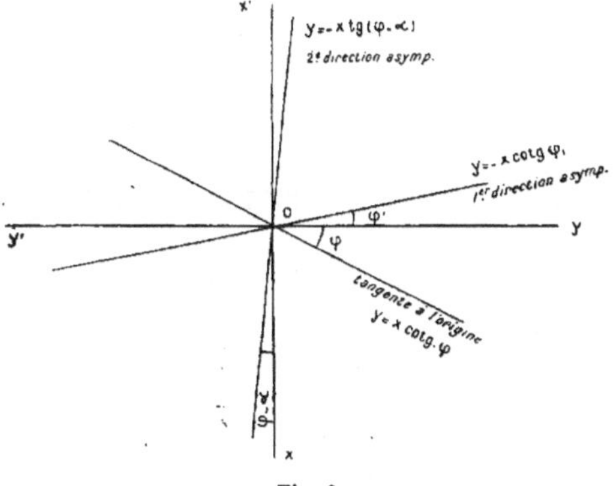

Fig. 3.

Cherchons le centre de l'hyperbole. L'équation de cette courbe peut être mise sous la forme

$$(IV) \quad \left\{ \begin{array}{l} x^2 (\operatorname{tg} \varphi - \operatorname{tg} \alpha) + y^2 (1 + \operatorname{tg} \varphi \operatorname{tg} \alpha) \operatorname{tg} \varphi_1 \\ + xy [(1 + \operatorname{tg} \varphi \operatorname{tg} \alpha) + \operatorname{tg} \varphi_1 (\operatorname{tg} \varphi - \operatorname{tg} \alpha)] - x + y \operatorname{tg} \varphi = 0. \end{array} \right.$$

Les droites du centre sont :

$$\left\{ \begin{array}{l} 2x (\operatorname{tg} \varphi - \operatorname{tg} \alpha) + y [(1 + \operatorname{tg} \varphi \operatorname{tg} \alpha) + \operatorname{tg} \varphi_1 (\operatorname{tg} \varphi - \operatorname{tg} \alpha)] - 1 = 0 \\ x [(1 + \operatorname{tg} \varphi \operatorname{tg} \alpha) + \operatorname{tg} \varphi_1 (\operatorname{tg} \varphi - \operatorname{tg} \alpha)] + 2y \operatorname{tg} \varphi_1 (1 + \operatorname{tg} \varphi \operatorname{tg} \alpha) + \operatorname{tg} \varphi = 0, \end{array} \right.$$

équations qui peuvent s'écrire après transformation :

$$\left\{ \begin{array}{l} 2x \cos \varphi_1 \sin (\varphi - \alpha) - y \cos (\varphi_1 - \varphi + \alpha) - \cos \varphi_1 \cos \varphi \cos \alpha = 0 \\ x \cos (\varphi_1 - \varphi + \alpha) + 2y \sin \varphi_1 \cos (\varphi - \alpha) + \sin \varphi \cos \varphi_1 \cos \alpha = 0. \end{array} \right.$$

Les coordonnées du centre se déduisent des deux équations précédentes; on obtient après simplifications :

$$x = - \frac{\cos \varphi_1 \cos \alpha \left[\sin (\varphi_1 + \varphi) \cos (\varphi - \alpha) + \sin \varphi_1 \cos \alpha \right]}{\cos^2 (\varphi_1 + \varphi - \alpha)}$$

$$y = + \frac{\cos \varphi_1 \cos \alpha \left[\cos \varphi_1 \cos \alpha + \sin (\varphi - \alpha) \sin (\varphi_1 + \varphi) \right]}{\cos^2 (\varphi_1 + \varphi - \alpha)}.$$

L'asymptote parallèle à la direction $y = - x \cot \varphi_1$ a donc pour équation :

$$y \quad \frac{\cos \varphi_1 \cos \alpha \left[\sin (\varphi_1 + \varphi) \sin (\varphi - \alpha) + \cos \varphi_1 \cos \alpha \right]}{\cos^2 (\varphi_1 + \varphi - \alpha)}$$

$$= - \left[x + \frac{\cos \varphi_1 \cos \alpha \left[\sin (\varphi_1 + \varphi) \cos (\varphi - \alpha) + \sin \varphi_1 \cos \alpha \right]}{\cos^2 (\varphi_1 + \varphi - \alpha)} \right] \frac{\cos \varphi_1}{\sin \varphi_1}.$$

Puisque nous connaissons son coefficient angulaire $\cot \varphi_1$, il suffira pour la construire d'en connaître un point, celui par exemple où elle rencontre l'un des axes.

Elle rencontre l'axe des y au point

$$x = 0$$

$$y = - \frac{\cos \varphi_1 \sin (\varphi_1 + \varphi) \cos \alpha}{\sin \varphi_1 \cos (\varphi_1 + \varphi - \alpha)} = - \frac{1}{\operatorname{tg} \varphi_1 \cot (\varphi_1 + \varphi) + \operatorname{tg} \varphi_1 \operatorname{tg} \alpha}$$

et l'axe des x au point

$$x = - \frac{\sin (\varphi_1 + \varphi) \cos \alpha}{\cos (\varphi_1 + \varphi - \alpha)} = - \frac{1}{\cot (\varphi_1 + \varphi) + \operatorname{tg} \alpha}.$$

Ces divers éléments étant connus, on peut tracer par points la courbe du point M. La seule partie de cette courbe qui nous intéresse est celle correspondant aux coordonnées positives de M.

Soient en effet yOx (fig. 4) les axes de coordonnées. On portera sur Ox' une longueur

$$OA = \frac{1}{\cot (\varphi_1 + \varphi) + \operatorname{tg} \alpha},$$

et par le point A on tracera une ligne faisant avec l'axe des y un angle φ_1. On aura ainsi l'une des asymptotes.

On tracera ensuite la tangente OB à l'origine (OB faisant un angle φ avec Oy). Cette tangente rencontrera l'asymptote tracée en un point C. On prendra une longueur OB = OC et par le point B on mènera une droite faisant avec ox un angle $\varphi - \alpha$. Cette droite sera la deuxième asymptote.

L'hyperbole se tracera, dès lors, sans difficulté puisqu'on en connaîtra les deux asymptotes et un point (le point O).

Soit M un point de cette courbe. Menons MP parallèle à la première asymptote et tirons OM.

Si l'on se reporte à ce qui a été dit plus haut et à la figure 2, on voit que l'angle MOB est égal à a et que MP est la quantité dont nous cherchons la valeur maximum. Et l'on

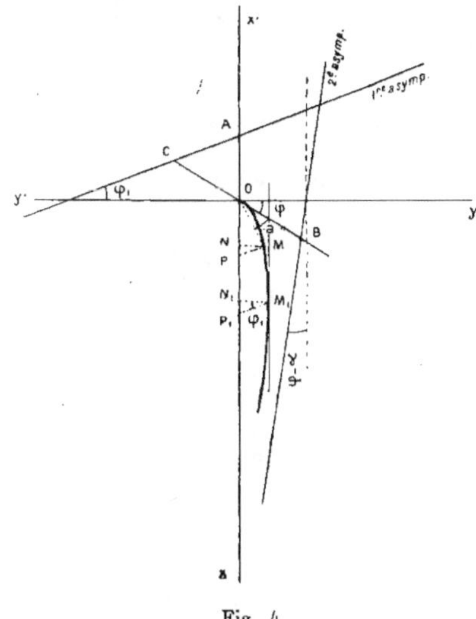

Fig. 4.

voit aussi que ce maximum sera atteint lorsque la tangente en M à l'hyperbole sera parallèle à l'axe des x.

Si l'on mène cette tangente et si M_1 est son point de contact, la longueur M_1P_1 parallèle à la première asymptote nous donne la valeur maximum de l'expression

$$\frac{\sin a \cos a \cos (a + \varphi)}{\cos (a + a) \sin (\varphi_1 + \varphi + a)},$$

et la poussée Q a pour valeur

$$Q = \frac{1}{2} h^2 \omega \times M_1 P_1.$$

On a ainsi obtenu la poussée Q par une méthode semi-graphique.

Cette poussée est, dès lors, connue en grandeur et direction. On admet généralement que son point d'application est au tiers de la hauteur h du mur, à partir de la base.

Avant d'aller plus loin, appliquons ce qui précède à un exemple numérique.

Soit à déterminer la valeur maximum de la poussée s'exerçant contre un mur de soutènement, à parement amont vertical de 5 mètres de hauteur dans l'hypothèse suivante :

$$\alpha = 15^{gr}; \qquad \varphi = 27^{gr}; \qquad \varphi_1 = 30^{gr}; \qquad \omega = 1\ t.\ 65.$$

On a :

$$OA = \frac{-1}{\cotg (\varphi + \varphi_1) + \tg \alpha} = -- \frac{1}{\cotg 57^{gr} + \tg 15^{gr}} ;$$

$$OA = \frac{1}{1.041} = -- 0.96.$$

Représentons l'unité par 13,3 millimètres et portons sur Ox' une longueur

$$OA = 0.96 \times 13,3 = 12 \text{ millim. } 8.$$

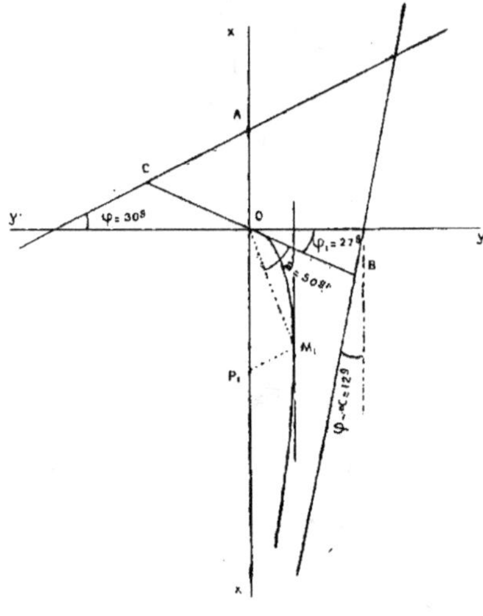

Fig. 5.

Puis achevons les constructions indiquées ci-dessus (fig. 4); on obtient la figure 5, sur laquelle on mesure graphiquement

$$M_1 P_1 = 6 \text{ millim. } 3.$$

La véritable valeur de $M_1 P_1$ est donc

$$M_1 P_1 = \frac{6,3}{13,3} = 0.47.$$

La poussée maximum Q est

$$Q = \frac{1}{2} h^2 \omega \times 0.47,$$

c'est-à-dire

$$Q = \frac{1}{2} \times 5^2 \times 1,65 \times 0.47 = 9 \text{ t, } 69.$$

Remarque. — La construction ci-dessus donne : $a = 5o$ grades. On peut donc calculer la poussée maximum Q par la formule

$$Q = \frac{1}{2} h^2 \omega \, \frac{\sin a \cos \alpha \cos (a + \varphi)}{\cos (a + \alpha) \sin (\varphi + \varphi_1 + a)},$$

qui devient

$$Q = \frac{1}{2} 5^2 \times 1.65 \, \frac{\sin 5o \cos 15 \cos 77}{\cos 65 \sin 107} = \frac{o.71 \times o.97 \times o.35 \times 25 \times 1.65}{o.52 \times o.99 \times 2}.$$

D'où : $Q = 9.67$, valeur voisine de celle obtenue plus haut.

Cet exemple étant donné, proposons-nous de chercher directement par le calcul la valeur maximum de l'expression (II).

Reportons-nous à la figure 4. Nous savons que la longueur M_1P_1 représente le maximum cherché. Dans le triangle $M_1N_1P_1$, on a

(V)
$$M_1P_1 = \frac{M_1N_1}{\cos \varphi_1}.$$

Le maximum de M_1P_1 correspondra au maximum de M_1N_1. Coupons l'hyperbole par une droite parallèle à l'axe des x :

$$y = b.$$

L'équation aux abscisses des points d'intersection n'est autre que l'équation (IV), dans laquelle y est remplacé par b. En ordonnant par rapport à x, on obtient

$$x^2 (\operatorname{tg} \varphi - \operatorname{tg} \alpha) + x \left\{ b \left[(1 + \operatorname{tg} \varphi \operatorname{tg} \alpha) + \operatorname{tg} \varphi_1 (\operatorname{tg} \varphi - \operatorname{tg} \alpha) \right] - 1 \right\}$$
$$+ b^2 \operatorname{tg} \varphi_1 (1 + \operatorname{tg} \varphi \operatorname{tg} \alpha) + b \operatorname{tg} \varphi = o.$$

La droite $y = b$ sera tangente à l'hyperbole si les deux racines de l'équation précédente sont égales, c'est-à-dire si l'on a

$$\left\{ b \left[(1 + \operatorname{tg} \varphi \operatorname{tg} \alpha) + \operatorname{tg} \varphi_1 (\operatorname{tg} \varphi - \operatorname{tg} \alpha) \right] - 1 \right\}^2$$
$$- 4 (\operatorname{tg} \varphi - \operatorname{tg} \alpha) \left[b^2 \operatorname{tg} \varphi_1 (1 + \operatorname{tg} \varphi \operatorname{tg} \alpha) + b \operatorname{tg} \varphi \right] = o.$$

D'où l'on tire

$$b = \frac{1 + \operatorname{tg}^2 \varphi + (\operatorname{tg} \varphi - \operatorname{tg} \alpha)(\operatorname{tg} \varphi_1 + \operatorname{tg} \varphi) \pm 2\sqrt{(1 + \operatorname{tg}^2 \varphi)(\operatorname{tg} \varphi_1 + \operatorname{tg} \varphi)(\operatorname{tg} \varphi - \operatorname{tg} \alpha)}}{[1 - \operatorname{tg} \varphi_1 \operatorname{tg} \varphi + \operatorname{tg} \alpha (\operatorname{tg} \varphi_1 + \operatorname{tg} \varphi)]^2}.$$

Comme, dans la pratique, l'angle α sera toujours inférieur à l'angle φ, les deux valeurs de b sont positives. Celle de ces deux racines qui nous convient est la plus faible, attendu que l'autre correspond à la tangente à la deuxième branche de l'hyperbole, parallèle à l'axe des x.

La valeur de b ainsi obtenue sera celle par laquelle il faudra remplacer M_1N_1 dans l'équation (V) pour obtenir la valeur maximum de M_1P_1 que nous cherchons.

Par suite, finalement, la valeur maximum de Q est

$$Q = \frac{1}{2} h^2 \omega \, \frac{1 + \operatorname{tg}^2 \varphi + (\operatorname{tg} \varphi - \operatorname{tg} \alpha)(\operatorname{tg} \varphi_1 + \operatorname{tg} \varphi) - 2\sqrt{(1 + \operatorname{tg}^2 \varphi)(\operatorname{tg} \varphi_1 + \operatorname{tg} \varphi)(\operatorname{tg} \varphi - \operatorname{tg} \alpha)}}{\cos \varphi_1 \, [1 - \operatorname{tg} \varphi_1 \operatorname{tg} \varphi + \operatorname{tg} \alpha (\operatorname{tg} \varphi_1 + \operatorname{tg} \varphi)]^2},$$

expression que l'on peut mettre aussi sous la forme suivante :

$$(\text{VI}) \quad Q = \frac{1}{2} h^2 \omega \, \frac{\cos^2 \alpha \cos \varphi_1 + \cos \alpha \sin (\varphi - \alpha) \sin(\varphi_1 + \varphi) - \sqrt{4 \cos^3 \alpha \cos \varphi_1 \sin (\varphi_1 + \varphi) \sin (\varphi - \alpha)}}{\cos^2 (\varphi_1 + \varphi - \alpha)}.$$

Les calculs pourront être effectués avec une table de logarithmes à trois décimales ou à l'aide d'une règle à calcul.

Reprenons l'exemple donné plus haut :

$$\alpha = 15^{\text{gr}}; \qquad \varphi = 27^{\text{gr}}; \qquad \varphi_1 = 30^{\text{gr}} : \qquad \omega = 1 \text{ t. } 65.$$

On en déduit :

$$\varphi - \alpha = 12 \text{ gr.}; \qquad \varphi_1 + \varphi = 57 \text{ gr.}; \qquad \varphi_1 + \varphi - \alpha = 42 \text{ gr.};$$

puis :

$$\frac{1}{2} h^2 \omega = \frac{1}{2} \times 5^2 \times 1{,}65 = 20{,}62 ;$$

$$\cos^2 \alpha \cos \varphi_1 = \cos^2 15 \cos 30 = 0.972^2 \times 0.891 = 0.842 ;$$

$$\cos \alpha \sin (\varphi - \alpha) \sin (\varphi_1 + \varphi) = \cos 15 \sin 12 \sin 57 = 0.972 \times 0.187 \times 0.780 = 0.142 :$$

$$\sqrt{4 \cos^3 \alpha \cos \varphi_1 \sin (\varphi_1 + \varphi) \sin (\varphi - \alpha)}$$

$$= \sqrt{4 \times \overline{0.972}^3 \times 0.891 \times 0.78 \times 0.187} = \sqrt{0.474} = 0.689 ;$$

$$Q = \frac{20.62 \, (0.842 + 0.142 - 0.689)}{\overline{0.79}^2} = \frac{20.62 \times 0.295}{0.624} = 9 \text{ t. } 72.$$

Le calcul par logarithmes aurait donné : $Q = 9$ t. 66.

CAS PARTICULIERS.

1er cas. — Dans son ouvrage sur la *Restauration des montagnes*[1], le professeur Thiéry se place dans l'hypothèse

$$\varphi_1 = 0.$$

La formule de la poussée Q est alors

$$(\text{VII}) \qquad Q = \frac{1}{2} h^2 \omega \, \frac{\cos^2 \alpha + \cos \alpha \sin (\varphi - \alpha) \sin \varphi - \sqrt{4 \cos^3 \alpha \sin \varphi \sin (\varphi - \alpha)}}{\cos^2 (\varphi - \alpha)}.$$

[1] *Restauration des montagnes* (Correction des torrents; reboisement), par E. Thiéry, Librairie polytechnique, Ch. Béranger, éditeur, 15, rue des Saints-Pères, Paris, ou 21, rue de la Régence, Liége.

2ᵉ cas. — L'angle de frottement φ_1 des terres sur les maçonneries diffère très peu de l'angle de frottement φ des terres sur les terres. On pourra, dans certains cas, considérer que le frottement a lieu non pas sur la surface du mur, mais sur une couche de terre adhérente au mur, et alors prendre

$$\varphi_1 = \varphi.$$

La formule de la poussée prend la forme :

$$\text{(VIII)} \quad Q = \frac{1}{2} h^2 \omega \frac{\cos^2 \alpha \cos \varphi + \cos \alpha \sin (\varphi - \alpha) \sin 2\varphi - \sqrt{4 \cos^3 \alpha \cos \varphi \sin 2\varphi \sin (\varphi - \alpha)}}{\cos^2 (2\varphi - \alpha)}.$$

3ᵉ cas. — La valeur maximum que peut prendre l'angle α est évidemment l'angle du talus naturel des terres, c'est-à-dire φ. Ce cas sera celui dans lequel on se trouvera lorsqu'on aura à construire un mur pour épauler une berge mouvante ou un mur d'avalanches. La formule (VI) devient

$$\text{(IX)} \qquad Q = \frac{1}{2} h^2 \frac{\cos^2 \varphi}{\cos \varphi_1}.$$

Si on admet, de plus, que $\varphi = \varphi_1$, la poussée est

$$\text{(X)} \qquad Q = \frac{1}{2} h^2 \omega \cos \varphi.$$

Dans le cas des murs d'avalanches, on prendra ω égal à la densité de la neige et φ égal à l'angle du talus naturel des neiges, soit φ_2. Le calcul (fig. 6) ne devra alors

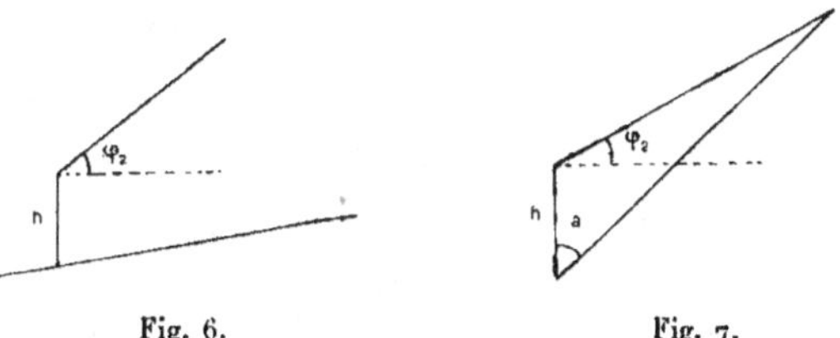

Fig. 6.   Fig. 7.

s'appliquer, quant à la détermination de la poussée, qu'à la hauteur h, dont le mur dépasse le profil en long du sol et seulement dans le cas où le profil du sol a une pente superficielle inférieure à celle du talus naturel des neiges.

Dans le cas (fig. 7) où l'angle a que fait le sol avec la verticale est tel que l'on ait $\frac{\pi}{2} - a > \varphi_2$, la formule de la poussée est

$$\text{(XI)} \qquad Q = \frac{1}{2} h^2 \omega \frac{\sin a \cos \varphi_2 \cos (a + \varphi)}{\cos (a + \varphi_2) \sin (\varphi + \varphi_1 + a)}$$

[formule déduite de la formule générale (I) de la poussée], dans laquelle :

h est la hauteur du mur dépassant le profil du sol;

φ, l'angle de frottement de la neige sur le sol considéré;

φ_1, l'angle de frottement de la neige sur la paroi du mur.

Si, alors, on admet que $\varphi = \varphi_1 = \varphi_2$, c'est-à-dire si l'on admet que le frottement se fait sur une couche de neige adhérente au sol ou à la maçonnerie, la poussée est

$$(\text{XII}) \qquad Q = \frac{1}{2} h^2 \omega \, \frac{\sin \alpha \cos \varphi}{\sin (2\varphi + \alpha)}.$$

4e cas. — On pourra avoir à construire des murs de soutien de terre-plein. Dans ce cas, $\alpha = 0$, et la formule de la poussée devient

$$(\text{XIII}) \qquad Q = \frac{1}{2} h^2 \omega \, \frac{\cos \varphi_1 + \sin \varphi \sin (\varphi_1 + \varphi) - \sqrt{4 \cos \varphi_1 \sin \varphi \sin (\varphi_1 + \varphi)}}{\cos^2 (\varphi_1 + \varphi)}.$$

Si, de plus, on suppose que $\varphi_1 = \varphi$, cette expression devient, après simplification,

$$Q = \frac{1}{2} h^2 \omega \, \frac{\cos \varphi + \sin \varphi \sin 2\varphi - \sqrt{2} \sin 2\varphi}{\cos^2 2\varphi},$$

ou encore

$$(\text{XIV}) \qquad Q = \frac{1}{2} h^2 \omega \, \frac{1 - \sqrt{2} \sin \varphi}{1 + \sqrt{2} \sin \varphi} \cos \varphi.$$

Pour le cas $\alpha = 0$, M. Boussinesq a donné la formule suivante :

$$Q = \frac{1}{2} h^2 \omega \, \frac{\operatorname{tg}^2 \left(45° - \dfrac{\varphi}{2} \right) \cos \left(45° - \dfrac{\varphi}{2} \right)}{\cos \left(\varphi_1 + \dfrac{\varphi}{2} - 45° \right)},$$

qui donne, pour la poussée, des valeurs plus faibles que celles obtenues par la formule (XII).

Tables graphiques. — Le professeur Thiéry, dans l'ouvrage signalé plus haut, a donné des tables graphiques permettant de déterminer le coefficient K, par lequel il faut, dans chaque cas particulier, multiplier l'expression $\frac{1}{2} h^2 \omega$ pour obtenir la valeur de la poussée maximum. Ces tables ne sont applicables que dans l'hypothèse $\varphi_1 = 0$, où l'on admet que la poussée s'exerce normalement au mur (formule VII).

Le même auteur a publié, en outre, un extrait des tables calculées par M. le professeur Résal.

Nous reproduisons ci-après un tableau donnant le coefficient K dans l'hypothèse $\varphi_1 = \varphi$, qui est celle qui nous a conduit à la formule (VIII).

Les éléments contenus dans ce tableau nous ont servi à construire l'abaque n° 1, que l'on trouvera en annexe à cette étude :

ANGLE α EN GRADES.	ANGLE φ DU TALUS NATUREL DES TERRES EXPRIMÉ EN GRADES.										
	5.	10.	15.	20.	25.	30.	35.	40.	45.	50.	55.
0.........	0.808	0,662	0,550	0.460	0,389	0,331	0,282	0,241	0,208	0,177	0,152
4.........	0.905	//	//	//	//	//	//	//	//	//	//
5.........	0,997	0,738	0,604	0,496	0,418	0.352	0,299	0,254	0,217	0,187	0,158
9.........	//	0,862	//	//	//	//	//	//	//	//	1
10........	//	0,988	0,684	0,553	0,455	0,379	0,320	0,269	0,228	0,193	0,163
14........	//	//	0,823	//	//	//	//	//	//	//	//
15........	//	//	0,972	0,635	0,506	0,414	0,343	0,287	0,240	0,202	0,169
19........	//	//	//	0,785	//	//	//	//	/	//	//
20........	//	//	//	0,951	0,590	0,463	0,376	0,309	0,256	0,213	0,177
24........	//	//	//	//	0,738	//	/	//	//	//	//
25........	//	//	//	//	0,924	0,546	0,423	0,339	0,276	0,227	0,187
29........	//	//	//	//	//	0,703	//	//	//	//	//
30........	//	//	//	//	//	0,891	0,502	0,383	0,363	0,245	0,198
34........	//	//	//	//	//	//	0,658	//	//	//	//
35........	//	//	//	//	//	//	0,853	0,458	0,343	0,269	0,214
39........	//	//	//	//	//	//	//	0,612	//	//	//
40........	//	//	//	//	//	//	//	0,809	0,414	0,305	0,235
44........	//	//	//	//	//	//	//	//	0,562	//	//
45........	//	//	//	//	//	//	//	//	0,760	0,370	0,267
49........	//	//	//	//	//	//	//	//	//	0,511	//
50........	//	//	//	//	//	//	//	//	//	0,707	0,326
54........	//	//	//	//	//	//	//	//	//	//	0,459
55........	//	//	//	//	//	//	//	//	//	//	0,649

Exemple numérique. — Soit à déterminer le coefficient K de la formule $Q = \frac{1}{2} h^2 \omega K$ dans le cas suivant : $\varphi_1 = \varphi = 35°$ et $\alpha = 20°$:

1° *Par le calcul.* — On a :

$$\varphi = 35° : \quad \alpha = 20°; \quad \varphi - \alpha = 15°; \quad 2\varphi = 70°; \quad 2\varphi - \alpha = 50°.$$

1ᵉʳ TERME.	2ᵉ TERME.	3ᵉ TERME.
$2 \log \cos \alpha = \bar{1}.9460$	$\log \cos \alpha = \bar{1}.9730$	$\log 4 = 0.6021$
$\log \cos \varphi = \bar{1}.9134$	$\log \sin (\varphi - \alpha) = \bar{1}.4130$	$3 \log \cos \alpha = \bar{1}.9190$
	$\log \sin 2\varphi = \bar{1}.9730$	$\log \cos \varphi = \bar{1}.9134$
		$\log \sin 2\varphi = \bar{1}.9730$
		$\log \sin (\varphi - \alpha) = \bar{1}.4130$
$\log \ 1^{er} \text{ terme} = \bar{1}.8594$	$\log \ 2^{e} \text{ terme} = \bar{1}.3590$	$\log (3^{e} \text{ terme})^2 = \bar{1}.8205$
$1^{er} \text{ terme} = 0.7234$	$2^{e} \text{ terme} = 0.2286$	$\log \ 3^{e} \text{ terme} = \bar{1}.9102$
$2^{e} \text{ terme} = 0.2286$		$3^{e} \text{ terme} = 0.8129$
0.9520	$\log \text{ numérateur} = \bar{1}.1433$	
$3^{e} \text{ terme} = 0.8129$	$2 \text{ colog} \cos (2\varphi - \alpha) = 0.3839$	
Numérateur $\quad 0.1391$	$\log K = \bar{1}.5272$	
	$K = 0.337$	

Des tables de M. Résal, dans la même hypothèse, on déduirait : $K = 0.347$.

2° *A l'aide de la table graphique n° 1.* — Les angles $\varphi = 35°$, $\alpha = 20°$ correspondent respectivement, dans le système centésimal de la division du quadrant, à 38 gr. 89 et 22 gr. 22. On trouve immédiatement

$$K = 0.336 \text{ environ.}$$

D'une manière générale, la formule que nous proposons dans le cas $\varphi_1 = \varphi$ donne des valeurs de K légèrement plus faibles que celles tirées des tables de M. Résal. Les écarts ne paraissent pas dépasser, en général, 3 à 4 p. 100 des valeurs de K.

COURBE DES PRESSIONS.

Soit (fig. 8) un mur de soutènement à parement intérieur (amont) vertical AOBC, de hauteur $OA = h$, et dont la base supérieure est $OB = b$.

Soit n le fruit du parement extérieur (aval) et π la densité de la maçonnerie (h et b sont évalués en mètres et π en tonnes par mètre cube).

Plaçons-nous dans le cas : $\varphi_1 = \varphi$.

Ce mur est soumis à l'action de deux forces :

1° Son poids $P = GP$ appliqué au centre de gravité G du trapèze AOBC, force verticale;

2° La poussée des terres $Q = KQ$, que nous supposerons, comme il a été admis plus haut, appliquée au tiers de la hauteur et faisant avec la normale au parement intérieur AO un angle φ égal à l'angle du talus naturel des terres soutenues par le mur.

Ces forces concourent au point M et ont une résultante MR obtenue en portant : $MQ_1 = KQ$ et $MP_1 = GP$ et en construisant le parallélogramme des forces.

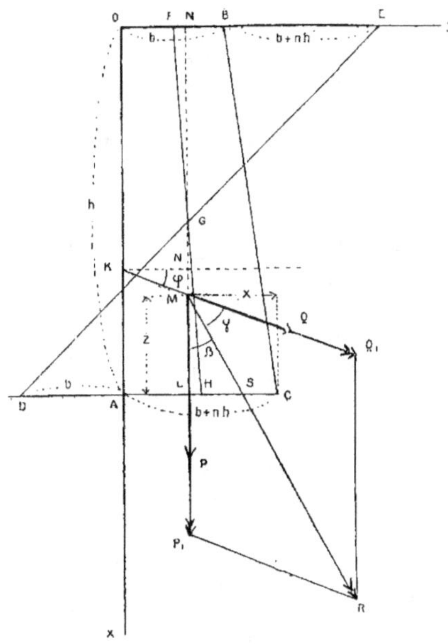

Fig. 8.

La résultante coupe la base AC du mur en un point S.

Proposons-nous de chercher le lieu géométrique du point S lorsque la hauteur h varie, la base b demeurant constante.

Prenons comme axes de coordonnées yOx l'intersection du plan de figure avec les plans du couronnement et du parement intérieur du mur. Si x_1 et y_1 sont les coordonnées du centre de gravité, on a

$$\frac{GN}{GL} = \frac{x_1}{h - x_1} = \frac{\dfrac{b}{2} + b + nh}{b + \dfrac{b + nh}{2}} = \frac{3b + 2nh}{3b + nh},$$

d'où

$$x_1 = h\,\frac{3b + 2nh}{6b + 3nh}.$$

D'autre part, comme le centre de gravité G est sur la droite qui joint les milieux F et H des deux bases, droite dont l'équation est

$$y = \frac{b + nx}{2},$$

on a

$$y_1 = \frac{b + nx_1}{2},$$

d'où

$$y_1 = \frac{b}{2} + \frac{n}{2} h \frac{3b + 2nh}{6b + 3nh}.$$

Désignons par x_2 et y_2 les coordonnées du point M. On a

$$y_2 = y_1,$$

et comme le point M est sur la droite KQ, dont l'équation est :

$$y = \left(x - \frac{2}{3} h \right) \operatorname{cotg} \varphi,$$

$$y_2 = \left(x_2 - \frac{2}{3} h \right) \operatorname{cotg} \varphi,$$

d'où

$$x_2 = y_2 \operatorname{tg} \varphi + \frac{2}{3} h.$$

De ces équations, on tire les coordonnées de M qui sont :

$$\begin{cases} x_2 = \left(\dfrac{b}{2} + \dfrac{n}{2} h \dfrac{3b + 2nh}{6b + 3nh} \right) \operatorname{tg} \varphi + \dfrac{2}{3} h, \\ y_2 = \dfrac{b}{2} + \dfrac{n}{2} h \dfrac{3b + 2nh}{6b + 3nh}. \end{cases}$$

Soient β et γ les angles que fait la résultante R avec ses composantes P et Q L'équation de la droite MS est

$$y - y_2 = (x - x_2) \operatorname{tg} \beta.$$

Or le triangle MRP_1 donne

$$\frac{Q}{\sin \beta} = \frac{P}{\sin \gamma};$$

et comme $\gamma - \dfrac{\pi}{2} - (\beta + \varphi)$,

$$\frac{Q}{\sin \beta} = \frac{P}{\cos(\beta + \varphi)}.$$

De cette égalité, on tire

$$\operatorname{tg} \beta = \frac{Q \cos \varphi}{P + Q \sin \varphi}.$$

La poussée Q a été évaluée plus haut. Nous avons trouvé

$$Q = \frac{1}{2} h^2 \omega K.$$

Quant au poids P du mur, il est

$$P = \frac{2b + nh}{2} h\pi. \qquad (\pi = \text{densité maçonnerie.})$$

Remplaçons P et Q par les valeurs ainsi obtenues dans la formule de tg β. Il vient, après simplification,

$$\text{tg } \beta = \frac{h\omega K \cos \varphi}{(2b + nh)\pi + h\omega K \sin \varphi}.$$

La droite MS a donc pour équation

$$\text{(A)} \quad y - \left(\frac{b}{2} + \frac{n}{2} h \frac{3b + 2nh}{6b + 3nh}\right) = \frac{h\omega K \cos \varphi}{(2b + nh)\pi + h\omega K \sin \varphi}\left[x - \left(\frac{b}{2} + \frac{n}{2} h \frac{3b + 2nh}{6b + 3nh}\right) \text{tg } \varphi - \frac{2}{3} h\right].$$

Le point S, qui se trouve sur **MS**, est aussi sur **AC** dont l'équation est

$$\text{(B)} \qquad\qquad x = h.$$

Le lieu géométrique du point S quand on fait varier la hauteur h du mur, c'est-à-dire ce que nous désignerons dorénavant sous le nom de *Courbe des pressions*, s'obtiendra par conséquent en éliminant h entre les deux équations (A) et (B). L'équation de la courbe des pressions n'est autre que l'équation (A), dans laquelle h est remplacé par x. Elle peut être mise sous l'une quelconque des deux formes suivantes :

$$\text{(XV)} \qquad y = \frac{\pi(3b^2 + 3bnx + n^2x^2) + x^2\omega K \cos \varphi}{3[(2b + nx)\pi + x\omega K \sin \varphi]},$$

$$\text{(XVI)} \quad x^2(\pi n^2 + \omega K \cos \varphi) - 3xy(\pi n + \omega K \sin \varphi) + 3\pi bnx - 6b\pi y + 3\pi b^2 = 0.$$

On voit que la courbe des pressions est une hyperbole passant par le milieu de la base supérieure du mur $\left(x = 0 ; y = \frac{b}{2}\right)$.

Ses directions asymptotiques sont :

$$\text{(XVII)} \qquad \begin{cases} x = 0, \\[2mm] y = \dfrac{\pi n^2 + \omega K \cos \varphi}{3(\pi n + \omega K \sin \varphi)} x, \end{cases}$$

et on trouverait son centre dont les coordonnées sont :

$$\text{(XVIII)} \qquad \begin{cases} x = -\dfrac{2b\pi}{\pi n + \omega K \sin \varphi} \\[3mm] y = -\dfrac{b\pi^2 n^2 + 4b\pi\omega K \cos \varphi - 3\pi bn\omega K \sin \varphi}{3(\pi n + \omega K \sin \varphi)^2}. \end{cases}$$

Cela étant, dans chaque cas particulier on connaîtra :

ω, densité des terres;

π, densité des maçonneries;

n, fruit du parement extérieur (aval);

φ, angle du talus naturel des terres retenues par le mur;

α, angle d'inclinaison du sol en arrière du mur.

La table graphique n° 1 (voir Annexes, pl. I) donnera K en fonction de φ et α connues.

Les formules (XVII) donneront les directions des asymptotes à la courbe des pressions.

Les formules (XVIII) permettront de calculer les coordonnées du centre et, par suite, de tracer les asymptotes.

Enfin, comme la courbe des pressions passe par le milieu de la base supérieure du mur $\left(x = 0 \; ; \; y = \dfrac{b}{2} \right)$, on pourra la tracer point par point dans la région où elle nous intéresse, c'est-à-dire dans l'angle yOx des axes choisis.

CALCUL DES MURS DE SOUTÈNEMENT.

Le problème qui se pose le plus généralement est le suivant : connaissant la hauteur à donner à un mur de soutènement ayant à résister à la poussée des terres, calculer les autres éléments de sa section (épaisseur au couronnement et fruit du parement aval) :

1° Pour qu'il ne soit pas renversé;

2° Pour qu'il ne glisse pas sur sa base;

3° Pour qu'il ne soit pas écrasé.

Nous ne considérerons, dans ce qui va suivre, que les murs à profil trapézoïdal rectangle, composés d'un parement intérieur vertical, d'un parement extérieur ayant un certain fruit n et de deux bases horizontales. Nous adopterons les mêmes notations que dans les deux paragraphes précédents (Poussée des terres; Courbe des pressions).

a. Résistance au renversement.

Supposons (fig. 9) que la courbe des pressions a été tracée.

Si, pour une base $OA = b$ fixée à l'avance, nous donnons au mur une hauteur OH, le point d'application de la résultante de la poussée des terres et du poids du mur est en K, intersection de la courbe des pressions avec la base inférieure HL du mur.

Si OH varie, on voit que le mur ne pourra être renversé tant que le point K demeurera entre les points correspondants H et L.

On peut se proposer de déterminer, d'une manière générale, la hauteur maximum à donner à la hauteur du mur pour qu'il ne soit pas renversé, c'est-à-dire déterminer l'abscisse du point M, intersection du parement extérieur du mur avec la courbe des pressions.

Le parement extérieur a pour équation

$$(\text{XIX}) \qquad\qquad y = b + nx$$

et la courbe, l'expression (XV) trouvée plus haut.

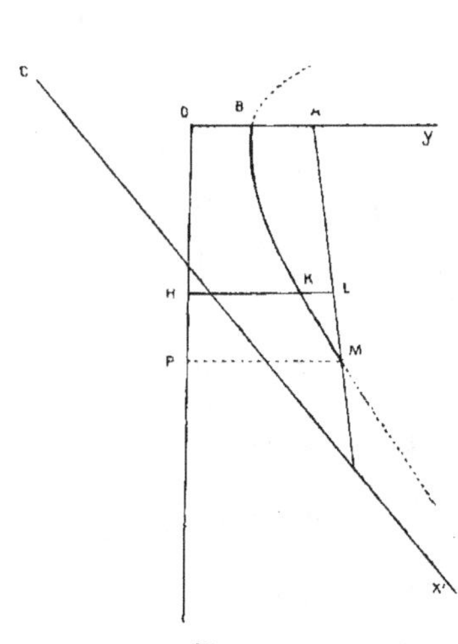

Fig. 9.

L'abscisse du point M, c'est-à-dire la hauteur maximum à donner au mur pour qu'il ne soit pas renversé, serait donc obtenue en résolvant par rapport à x l'équation

$$(\text{XX}) \qquad b + nx = \frac{\pi\,(3b^2 + 3bnx + n^2x^2) + x^2\omega\mathrm{K}\cos\varphi}{3\,[(2b + nx)\,\pi + x\omega\mathrm{K}\sin\varphi]}.$$

Soit H_m cette hauteur maximum et posons

$$(\text{XXI}) \qquad\qquad \mathrm{M} = \frac{\pi}{\mathrm{K}\omega}.$$

On obtient

$$(\text{XXII}) \quad \mathrm{H}_m\,(\cos\varphi - 3n\sin\varphi - 2\mathrm{M}n^2) - \mathrm{H}_m\,(6b\mathrm{M}n + 3b\sin\varphi) - 3b^2\mathrm{M} = 0.$$

Les valeurs de H_m sont toujours réelles, il serait facile de le montrer. Mais deux cas sont à distinguer.

1er cas :

$$\text{(XXIII)} \qquad \cos \varphi - 3n \sin \varphi - 2Mn^2 < 0.$$

Les valeurs de H_m sont négatives. Cela signifie que la courbe des pressions ne rencontre pas le parement extérieur du mur dans l'angle yOx des axes de coordonnées. Par suite, le mur ne sera pas renversé. Or la condition (XXIII) peut s'écrire :

$$2Mn^2 + 3n \sin \varphi - \cos \varphi > 0.$$

Le fruit n ne pouvant, dans l'hypothèse générale où nous nous sommes placé, prendre des valeurs négatives, le mur ne sera dans aucun cas renversé si n est supérieur à la racine positive de l'équation

$$2Mn^2 + 3n \sin \varphi - \cos \varphi = 0,$$

c'est-à-dire si

$$\text{(XXIV)} \qquad n > \frac{-3 \sin \varphi + \sqrt{9 \sin^2 \varphi + 8M \cos \varphi}}{4M}.$$

Reprenant l'exemple exposé plus haut $\varphi = 35°, \alpha = 20'$,

nous avons trouvé

$$K = 0,337.$$

Supposons de plus $\omega = 1'9$ et $\pi = 2$ tonnes.

On trouverait que le mur ne sera plus renversé

$$n > 0.25.$$

Le même résultat aurait été obtenu en exprimant que le fruit n devrait être supérieur au coefficient angulaire de l'asymptote cx', c'est-à-dire, d'après les équations (XVII), en adoptant des valeurs du fruit n telles que l'on ait

$$\text{(XXV)} \qquad n > \frac{\pi n^2 + \omega K \cos \varphi}{3 (\pi n + \omega K \sin \varphi)},$$

car, en posant comme ci-dessus $M = \dfrac{\pi}{K\omega}$, la condition (XXV) n'est pas autre chose que la condition (XXIII).

2^c cas :

$$\text{(XXVI)} \qquad \cos \varphi - 3n \sin \varphi \, 2Mn^2 > 0.$$

Dans ce cas, l'équation (XXII) a une racine négative et une racine positive ; cette dernière seule nous intéressant est, après simplification ,

$$\text{(XXVII)} \qquad H_m = b \frac{6Mn + 3 \sin \varphi + \sqrt{12M^2n^2 + 9 \sin^2 \varphi + 12M \cos \varphi}}{3 (\cos \varphi - 3n \sin \varphi - 2Mn^2)}.$$

Dans chaque cas particulier, lorsque le fruit n ne satisfait pas à la condition (XXIV), la hauteur h du mur ne devra pas dépasser la valeur H_m, si l'on veut être assuré que le mur ne sera pas renversé.

b. Résistance au glissement.

Désignons par g le coefficient de glissement. Le glissement sera impossible tant que la composante horizontale des forces qui agissent sur le mur sera inférieure à la composante verticale de ces forces multipliée par g, ou, en d'autres termes (fig. 8), lorsque

$$\operatorname{tg}\beta < g.$$

c'est-à-dire lorsque

$$\frac{Q \cos \varphi}{P + Q \sin \varphi} < g.$$

En remplaçant P et Q par leurs valeurs obtenues plus haut, cette condition devient, après simplification,

$$\frac{h\omega K \cos \varphi}{(2b + nh)\,\pi + h\omega K \sin \varphi} < g$$

et, en posant comme ci-dessus $\dfrac{\pi}{\omega K} = M$,

$$\frac{h \cos \varphi}{M(2b + nh) + h \sin \varphi} < g.$$

De là on tire

(XXVIII)
$$h < \frac{2bgM}{\cos \varphi - g \sin \varphi - Mgn}.$$

L'expression

(XXIX)
$$H'_m = b\,\frac{2gM}{\cos \varphi - g \sin \varphi - Mgn}$$

donne ainsi une deuxième valeur de la limite supérieure de la hauteur h du mur.

Remarque. — Les deux équations (XXVII) et (XXIX) fournissent, dans l'hypothèse où la hauteur h du mur est donnée, les valeurs minima de la base supérieure b correspondant aux conditions de résistance au renversement et au glissement.

c. Résistance à l'écrasement.

Soit ABCDA'B'C'D', fig. 10, la portion du mur de soutènement comprise entre deux plans verticaux perpendiculaires au parement intérieur, supposé vertical, et distants l'un de l'autre d'une largeur l.

La résultante des forces qui agissent sur le mur (poussée des terres et poids total) est située dans le plan de symétrie MNPQ.

Soient b la base supérieure du mur, h sa hauteur et n le fruit du parement aval. La poussée Q des terres, appliquée au tiers de h à partir de la base et faisant un angle φ avec l'horizontale, a une composante verticale Q_v égale à $Q \sin \varphi$, c'est-à-dire égale à

$$Q_v = \frac{1}{2} h^2 \omega K l \sin \varphi.$$

Le poids du mur est, d'autre part,

$$P = \frac{2b + nh}{2} h l \pi.$$

La pression totale S qui s'exerce verticalement sur la base est donc

$$S = \frac{1}{2} l \left[\omega K h^2 \sin \varphi + (2b + nh) h\pi \right].$$

De telle sorte que la pression moyenne P_m par unité de surface de la base est

$$(XXX) \qquad P_m = \frac{S}{l(b + nh)} = \frac{\omega K h^2 \sin \varphi + (2b + nh) h\pi}{2(b + nh)}.$$

La pression totale S est appliquée en un point I de MQ qui peut occuper différentes positions d'après lesquelles varie la formule à employer pour évaluer la pression maxi-

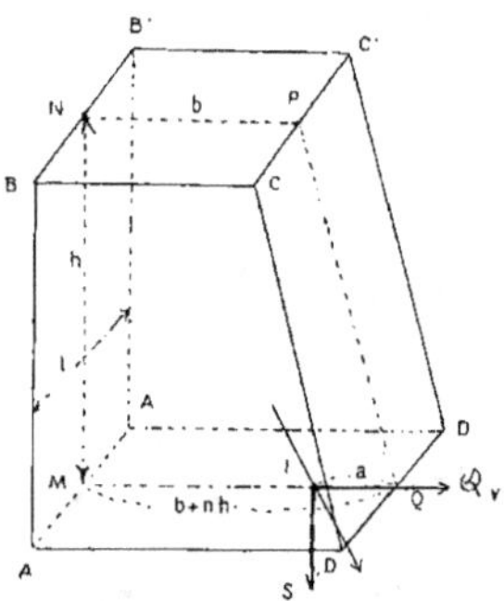

Fig. 10.

mum qui s'exerce en Q à l'extrémité de la base inférieure du mur, sur l'unité de surface horizontale de MQ. Soit a la distance IQ du point d'application I de la force S à l'extrémité extérieure de la base.

1er *cas*. — La force S est appliquée dans le tiers médian de MQ.

Si l'on désigne par B la base MQ et par p la pression maximum par unité de surface horizontale en Q, on a,

$$p = 2P_m \left(2 - \frac{3a}{B} \right),$$

ce qui s'écrit :

$$(XXXI) \qquad p = \frac{\omega K h^2 \sin \varphi + (2b + nh) h\pi}{b + nh} \left(2 - \frac{3a}{b + nh} \right).$$

2e *cas.* — La force S est appliquée au tiers de MQ, à partir de Q.

Dans ce cas, la pression maximum à l'unité de surface horizontale en N est égale au double de la pression moyenne, d'où

$$(\text{XXXII}) \qquad p = 2\mathrm{P}_m = \frac{\omega K h^2 \sin \varphi + (2b + nh)\, h\pi}{b + nh}.$$

3e *cas.* — La force est appliquée dans le tiers extrême de MQ à une distance a de Q.

On a, dans ce cas

$$(\text{XXXIII}) \qquad p = \frac{2S}{3al} = \frac{\omega K h^2 \sin \varphi + (2b + nh)\, h\pi}{3a}.$$

On emploiera, par conséquent, l'une ou l'autre de ces trois formules de la pression maximum, par unité de surface horizontale, à l'extrémité de la base inférieure, suivant que le point d'application de la pression totale sera dans le tiers médian de la base, exactement aux deux tiers de la base à partir du parement intérieur ou dans le tiers extrême de la base, de côté du parement extérieur.

Ces formules donnent la pression maximum sur l'unité de surface horizontale de la base, à son extrémité extérieure. Il nous paraît justifié, même dans le cas qui nous occupe, de considérer la pression maximum à l'extrémité d'un joint normal au parement extérieur, c'est-à-dire de nous placer dans l'hypothèse faite par M. Maurice Lévy. La pression maximum, d'après cet auteur, serait :

$$\text{pression maximum} = p\,(1 + n^2),$$

n étant le fruit du mur.

Conservant le symbole p pour désigner la pression maximum, celle-ci serait donnée, suivant les cas envisagés ci-dessus, par les formules :

$$(\text{XXXIV}) \qquad p = \frac{\omega K h^2 \sin \varphi + (2b + nh)\, h\pi}{b + nh}\left(2 - \frac{3a}{b + nh}\right)(1 + n^2);$$

$$(\text{XXXV}) \qquad p = \frac{\omega K h^2 \sin \varphi + (2b + nh)\, h\pi}{b + nh}(1 + n^2);$$

$$(\text{XXXVI}) \qquad p = \frac{\omega K h^2 \sin \varphi + (2b + nh)\, h\pi}{3a}(1 + n^2).$$

Quoi qu'il en soit, pour savoir quelle est celle de ces trois formules à appliquer, il faut trouver un moyen, aussi simple que possible, de déterminer la position du point J par rapport aux points situés au tiers ou aux deux tiers de la base à partir de l'extrémité extérieure de la base inférieure du mur.

Point de rencontre de la courbe des pressions avec le lieu géométrique des points situés aux deux tiers de la base, à partir du parement extérieur.

L'équation de la courbe des pressions a été obtenue ci-dessus (équations XV et XVI).

Le lieu géométrique des points situés aux deux tiers de la base à partir du parement extérieur est une droite :

$$y = \frac{b + nx}{3}.$$

Cette courbe et cette droite se coupent en deux points dont les abscisses sont données par l'équation

$$\frac{b + nx}{3} = \frac{\pi\,(3b^2 + 3bnx + n^2x^2) + x^2\omega K \cos\varphi}{3\,[(2b + nx)\,\pi + x\omega K \sin\varphi]}$$

qui devient, en posant $\dfrac{\pi}{\omega K} = M$,

(XXXVII) $\qquad x^2\,(\cos\varphi - n\sin\varphi) - xb\sin\varphi + Mb^2 = 0.$

Les racines seront imaginaires si

$$b^2\sin^2\varphi - 4Mb^2\,(\cos\varphi - n\sin\varphi) < 0,$$

c'est-à-dire si

$$M > \frac{\sin^2\varphi}{4\,(\cos\varphi - n\sin\varphi)}.$$

Dans ce cas, le point I est toujours situé entre le point D_1 et le point Q (fig. 11).

$$\text{Si } M < \frac{\sin^2\varphi}{4\,(\cos\varphi - n\sin\varphi)},$$

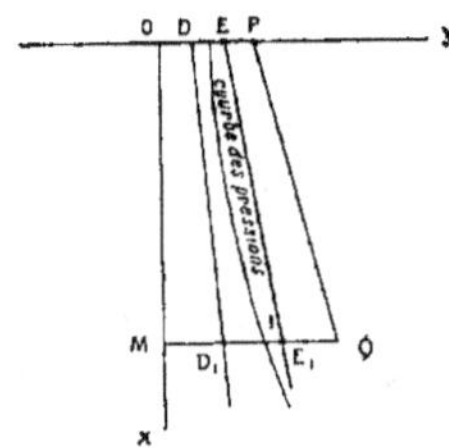

Fig. 11.

deux cas sont à distinguer :

1° $\qquad\qquad \cos\varphi - n\sin\varphi < 0,$

$$\operatorname{tg}\varphi > \frac{1}{n}.$$

Ce cas n'est pas à envisager parce qu'il conduirait à adopter pour M des valeurs négatives, ce qui ne peut s'admettre.

2° $\qquad\qquad \cos\varphi - n\sin\varphi > 0$

ou

$$\operatorname{tg}\varphi < \frac{1}{n}.$$

Dans ce cas, l'équation (XXXVII) a deux racines réelles positives qui sont :

$$x = b\,\frac{\sin\varphi \pm \sqrt{\sin^2\varphi - 4\mathrm{M}\,(\cos\varphi - n\sin\varphi)}}{2\,(\cos\varphi - n\sin\varphi)}.$$

Soient H_1 et H_2 ces deux valeurs de x.

Si la hauteur h du barrage est comprise entre H_1 et H_2 le point I est situé entre DD_1 et OM, c'est-à-dire dans le premier tiers de la base à compter du parement intérieur.

Si la hauteur h est inférieure à H_1 ou supérieure à H_2, le point I est situé entre DD_1 et le parement extérieur PQ.

Enfin, si l'on a

$$\mathrm{M} = \frac{\sin^2\varphi}{4\,(\cos\varphi - n\sin\varphi)},$$

les deux racines de l'équation (XXXVII) sont égales, la courbe des pressions est tangente à DD_1 et le point I est situé entre DD_1 et PQ, sauf si la hauteur h du mur est égale à la racine double de l'équation (XXXVII), c'est-à-dire à la hauteur H_3 donnée par l'expression

$$H_3 = b\,\frac{\sin\varphi}{2\,(\cos\varphi - n\sin\varphi)}.$$

Point de rencontre de la courbe des pressions avec le lieu géométrique des points situés au tiers de la base à partir du parement extérieur.

L'équation du lieu géométrique des points situés au tiers de la base inférieure à partir du parement aval est celle de la droite

$$y = \frac{2\,(b + nx)}{3}.$$

Cette droite rencontre la courbe des pressions (équation XV) en deux points dont les abscisses sont données par l'équation

$$\frac{2\,(b + nx)}{3} = \frac{\pi\,(3b^2 + 3bnx + n^2x^2) + x^2\omega\mathrm{K}\cos\varphi}{3\,[(2b + nx)\,\pi + x\omega\mathrm{K}\sin\varphi]},$$

qui devient, en ordonnant par rapport à x et en posant $\mathrm{M} = \dfrac{\pi}{\omega\mathrm{K}}$,

(XXXVIII) $x^2\,(\cos\varphi - \mathrm{M}n^2 - 2n\sin\varphi) - xb\,(3\mathrm{M}n + 2\sin\varphi) - \mathrm{M}b^2 = 0.$

On verrait que les racines de cette équation sont toujours réelles pour M, n positifs et pour φ compris entre 0 et $\dfrac{\pi}{2}$, conditions toujours réalisées dans la pratique.

Si

$$\cos\varphi - \mathrm{M}n^2 - 2n\sin\varphi < 0,$$

les deux racines sont négatives, ce qui signifie que la droite EE_1 (fig. 11) ne rencontre pas la courbe dans l'angle yOx. Le point I est donc situé entre EE_1 et le parement amont ou intérieur.

Si

$$\cos \varphi - Mn^2 - 2n \sin \varphi = 0,$$

la droite EE_1 est parallèle à l'asymptote de la courbe des pressions et ne rencontre cette courbe qu'en un seul point (l'autre est à l'infini) dont l'abscisse H_4 est

$$H_4 = -b \frac{M}{3Mn + 2 \sin \varphi}.$$

On vérifierait qu'il en est ainsi en cherchant quelle devrait être la valeur de n pour que la droite EE_1, dont le coefficient angulaire est $\frac{2}{3}$ de n, ait même coefficient angulaire que l'asymptote (XVII). On aurait, pour déterminer n, la relation

$$\frac{2}{3} n = \frac{\pi n^2 + \omega K \cos \varphi}{3 (\pi n + \omega K \sin \varphi)}$$

qui, en posant

$$M = \frac{\pi}{\omega K},$$

n'est pas autre chose que la condition

$$\cos \varphi - Mn^2 - 2n \sin \varphi = 0.$$

Enfin si

$$\cos \varphi - Mn^2 - 2n \sin \varphi > 0,$$

l'équation (XXXVIII) a deux racines de signes contraires, la position H_5 seule nous intéressant :

$$H_5 = b \frac{3Mn + 2 \sin \varphi + \sqrt{5M^2n^2 + 4Mn \sin \varphi + 4M \cos \varphi + 4 \sin^2 \varphi}}{2 (\cos \varphi - Mn^2 - 2n \sin \varphi)}.$$

Si la hauteur h du barrage est inférieure à H_5 le point sera I situé entre EE_1 et OM. et si $h > H_5$ le point I sera situé entre EE_1 et PQ, c'est-à-dire dans le tiers extrême de la base inférieure.

Point de rencontre de la courbe des pressions avec le parement extérieur du mur.

Ce point a déjà été recherché plus haut lorsque nous avons étudié les conditions de résistance au renversement. La valeur H_m (XXVII) obtenue est telle, dans le cas qui nous occupe actuellement, que si la hauteur h du mur est inférieure à H_m le point I est situé entre le parement aval PQ et le parement amont OM du mur.

Les valeurs limites intéressantes de la hauteur h du mur, obtenues au cours de la discussion qui précède, classées par ordre de grandeurs croissantes, sont :

$$H_2, \ H_5 \ \text{et} \ H_m.$$

Sous réserve des cas spéciaux envisagés dans cette discussion et étant donnée une épaisseur b du mur à son couronnement, on pourra se trouver dans l'un des cas suivants en désignant par h la hauteur du barrage.

1er cas : $h < H_2$ Point I entre EE_1 et OA (1er tiers de la base à partir de l'amont);

2e cas : $h = H_2$ Point I au tiers de la base à partir de l'amont;

3e cas : $H_2 < h < H_5$ Point I dans le tiers médian de la base;

4e cas : $h = H_5$ Point I aux 2/3 de la base à partir du parement amont;

5e cas : $H_5 < h < H_m$ Point I dans le tiers extrême de la base (à partir du parement amont);

6e cas : $h = H_m$ Point I à l'extrémité aval de la base;

7e cas : $h > H_m$ Le mur sera renversé.

Les seuls cas intéressants, au point de vue de la résistance à l'écrasement, sont le 3e, le 4e et le 5e.

Dans le 3e cas, la pression maximum sera donnée par la formule (XXXIV);
Dans le 4e cas, la pression maximum sera donnée par la formule (XXXV);
Dans le 5e cas, la pression maximum sera donnée par la formule (XXXVI).

Nous allons chercher dans chacun de ces trois cas quelle est la valeur de la pression maximum.

3e cas. — La résultante de la poussée des terres et du poids du mur passe dans le tiers médian de la base inférieure du mur.

La pression maximum est donnée par la formule (XXXIV) dans laquelle la quantité a est égale à IQ (fig. 11). On a, d'une manière générale,

$$a = b + nx - y,$$

x et y étant les coordonnées d'un point de la courbe des pressions. Faisons $x = h$, y prend la valeur résultant de la formule XV, et on a

$$a = b + nh - \frac{\pi (3b^2 + 3bnh + n^2h^2) + \omega K h^2 \cos \varphi}{3 [(2b + nh) \pi + \omega K h \sin \varphi]}.$$

Remplaçant a par cette valeur dans la formule XXXIV, on obtient, après simplification,

$$(\text{XXXIX}) \qquad p = \frac{h [\pi b^2 - bh\omega K \sin \varphi + h^2 (\omega K \cos \varphi - n\omega K \sin \varphi)] (1 + n^2)}{(b + nh)^3},$$

expression qui ne s'applique comme il a été dit qu'au cas où

$$h < H_5.$$

4ᵉ cas. — *La résultante de la poussée des terres et du poids du mur passe aux deux tiers de la base inférieure du mur à partir du parement intérieur.*

La pression maximum est donnée par la formule XXXV dans laquelle on fera h égal à la valeur H_5 trouvée ci-dessus. On aura

$$(\mathrm{XL}) \qquad p = \frac{\omega K H_5^2 \sin \varphi + (2b + nH_5)\, H_5 \pi}{(b + nH_5)} (1 + n^2).$$

5ᵉ cas. — *La résultante de la poussée des terres et du poids du mur passe dans le tiers extrême de la base inférieure du mur à partir du parement intérieur.*

La pression maximum est donnée par la formule XXXVI dans laquelle la quantité a s'exprime sous la même forme que dans le 3ᵉ cas. Remplaçant a par la valeur trouvée dans la formule XXXVI, on obtient

$$(\mathrm{XLI}) \qquad p = \frac{h\, [\omega K h \sin \varphi + \pi\, (2b + nh)\,]^2\, (1 + n^2)}{h^2\, (2\pi n^2 + 3n\omega K \sin \varphi - \omega K \cos \varphi) + 3bh\, (\omega K \sin \varphi + 2\pi n) + 3\pi b^2},$$

expression qui ne s'applique, comme il a été dit ci-dessus, que lorsque h satisfait aux inégalités suivantes :

$$H_5 < h < H_m.$$

Remarque. — D'ordinaire, l'inconnue que l'on se propose de déterminer, c'est l'épaisseur b au couronnement, c'est-à-dire la base supérieure du mur. La hauteur h est donnée, ainsi que le fruit n, les densités ω et π des terres et des maçonneries, l'angle φ du talus naturel des terres. Le coefficient K est fourni par le calcul ou par l'abaque n° 1.

Les formules XXXIX, XL et XLI que nous venons d'établir fourniront, suivant le cas dans lequel on voudra se placer, au point de vue des conditions de résistance de maçonneries à l'écrasement, l'équation de laquelle on tirera la valeur de b.

Un exemple numérique fera mieux comprendre le mécanisme du calcul des murs de soutènement, dans l'hypothèse simple que nous avons faite sur la forme trapézoïdale de ces murs.

d. Exemple de calcul.

Calculer l'épaisseur à donner au couronnement d'un mur de soutènement de 8 mètres de hauteur, de telle sorte que la pression maximum à l'extrémité extérieure (aval) de la base inférieure ne dépasse pas 80 tonnes par mètre carré. On donne, en outre :

$$\varphi = 27^{gr};$$
$$\alpha = 15^{gr};$$
$$\omega = 1^t 6;$$
$$\pi = 2^t 4;$$
$$n = 0.2;$$
$$g = 0.9.$$

L'abaque n° 1 donne

$$K = 0.466.$$

D'autre part,

$$M = \frac{\pi}{\omega K} = \frac{2.4}{1.6 \times 0.466} = 3.219.$$

$$\sin \varphi = 0.412 ; \cos \varphi = 0.911 ; \sin^2 \varphi = 0.169 ;$$

$$\omega K \sin \varphi = 0.307 ; \omega K \cos \varphi = 0.679 ;$$

$$1 + n^2 = 1.04 ; M^2 n^2 = 0.414 ; Mn = 0.644.$$

1° *Condition de résistance au renversement.*

La condition XXIV est, dans notre cas particulier,

$$n > 0.29.$$

Elle n'est pas satisfaite puisque $n = 0.20$.

Donc la hauteur du barrage doit être inférieure ou au plus égale à la hauteur H, donnée par la formule XXVII. Et on doit avoir

$$8 < b \frac{6Mn + 3 \sin \varphi + \sqrt{12 M^2 n^2 + 9 \sin^2 \varphi + 12 M \cos \varphi}}{2 (\cos \varphi - 3n \sin \varphi - 2Mn^2)}.$$

c'est-à-dire

$$8 < b \frac{6 \times 3.219 \times 0.2 + 3 \times 0.412 + \sqrt{12 \times 0.414 + 9 \times 0.169 + 12 \times 3.219 \times 0.911}}{2 (0.911 - 3 \times 0.2 \times 0.412 - 2 \times 3.219 \times 0.04)},$$

ou

$$8 < 14.23 b.$$

D'où enfin

$$b > 0^m 56.$$

Ainsi donc, pour que le mur de soutènement ne soit pas renversé par la poussée des terres, il suffira de lui donner une épaisseur au couronnement d'au moins $0^m 56$.

2° *Condition de résistance au glissement.*

La condition XXVIII est, dans notre cas particulier,

$$8 < b \frac{2 \times 0.9 \times 3.219}{0.911 - 0.9 \times 0.412 - 3.219 \times 0.9 \times 0.2},$$

c'est-à-dire

$$b > - 0^m 06.$$

Elle est toujours satisfaite pour b positif.

3° Conditions de résistance à l'écrasement.

Nous avons ici plusieurs cas à examiner.

1ᵉʳ cas. — Nous voulons que la résultante de la poussée des terres et du poids du mur passe dans le tiers médian de la base inférieure.

Nous avons vu ci-dessus que, pour que cette condition soit remplie, il faut que la hauteur du mur soit inférieure à la quantité H_5. Comme la hauteur du mur nous est imposée, nous devrons avoir

$$H_5 > 8.$$

Or, dans notre cas particulier, nous avons :

$$H_5 = b \frac{3 \times 0.644 + 2 \times 0.412 + \sqrt{5 \times 0.414 + 4 \times 0.644 \times 0.412 + 4 \times 3.219 \times 0.911 + 4 \times 0.169}}{2\,(0.911 - 3.219 \times 0.04 - 2 \times 0.2 \times 0,412)},$$

$$H_5 = 5.428\,b.$$

On doit donc avoir :

$$5.428\,b > 8,$$

$$b > 1^{m}47.$$

La condition que nous nous sommes imposée fixe la limite inférieure de la valeur à adopter pour l'épaisseur au couronnement.

Nous n'avons donc pas la possibilité de faire travailler les maçonneries à une pression maximum donnée (ici 80 tonnes par mètre carré). Mais nous pourrons calculer cette pression, pour toute valeur de b choisie plus grande que 1 m. 47, par les formules XXXIV ou XXXIX et nous assurer qu'elle est inférieure à la pression maximum que nous nous sommes imposée.

2ᵉ cas. — Nous voulons que la résultante de la poussée des terres et du poids du mur passe exactement par le point situé aux deux tiers de la base inférieure du mur à partir du parement intérieur.

Il en sera ainsi, d'après ce qui vient d'être dit au paragraphe précédent, si la hauteur du mur est égale à la quantité H_5, c'est-à-dire si $b = 1$ m. 47.

Ici encore nous ne sommes pas libre de faire travailler les maçonneries à une pression maximum donnée. La condition imposée fixe immédiatement la valeur à adopter pour b.

La pression maximum est donnée par les formules XXXV ou XL. On en tire, dans le cas particulier,

$$p = \frac{0.307 \times 64 + (2 \times 1.47 + 0.2 \times 8)\,8 \times 2.4}{1.47 + 0.2 \times 8}\,(1.04) = 36^{t}52.$$

Cette pression est admissible puisqu'elle est inférieure à la limite fixée de 80 tonnes.

3ᵉ cas. — *On consent à ce que la résultante de la poussée des terres et du poids du mur passe dans le tiers extrême de la base inférieure du mur, à partir du parement intérieur.*

Dans ce cas, on aura $b < 1$ m. 47. On sait qu'alors les assises de la maçonnerie, situées dans une certaine zone voisine du parement intérieur du mur, pourront être soumises à des efforts d'extension qui pourront produire des décollements dans les joints.

Si l'on ne redoute pas cette éventualité, on donnera à la base supérieure b la valeur qui résultera de l'application des formules XXXVI ou XLI qui fournissent, dans ce cas, la valeur de la pression maximum. On aura alors, avec la formule XLI,

$$80 = \frac{8\,[\,0.307 \times 8 + 2.4\,(2b + 0.2 \times 8)\,]^2\,(1.04)}{64\,(2 \times 2.4 \times 0.04 + 3 \times 0.2 \times 0.307 - 0.679) + 3 \times 8 \times b\,(0.307 + 2 \times 2.4 \times 0.2) + 3 \times 2.4 \times b^2}.$$

D'où

$$b^2 + 5.021\,b - 4.895 = 0,$$

et enfin, b devant être positif,

$$b = 0^{\mathrm{m}},84.$$

Cette valeur de b, satisfaisant aux conditions relatives au renversement et au glissement, répond donc à l'énoncé du problème si l'on ne craint pas les effets de décollement dans les joints de la maçonnerie.

Le mur aura le profil indiqué par la figure ci-dessous (fig. 12).

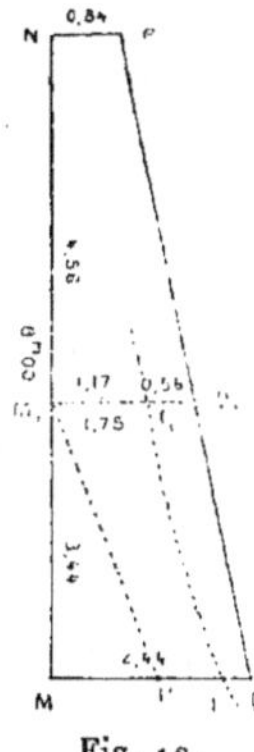

Fig. 12.

Si l'on calcule la quantité a, distance du point d'application de la résultante à l'extrémité extérieure, de la base inférieure par la formule

$$a = b + nh - \frac{\pi\,(3b^2 + 3bnh + n^2h^2) + \omega h^2 k \cos \varphi}{3\,[\,(2b + nh)\pi + \omega hk \sin \varphi\,]},$$

on trouve

$$a = 0^{\mathrm{m}},36.$$

Elle est représentée par IQ sur la figure 12.

D'après la théorie élémentaire de l'élasticité, la partie I'Q du joint de base soumise à des efforts de compression est

$$I'Q = 3IQ.$$

c'est-à-dire

$$I'Q = 1^m,08.$$

La partie MI' du même joint soumise à des efforts d'extension aurait donc une longueur

$$MI' = 2.44 - 1.08 = 1^m,36.$$

En I' il n'y aurait ni compression, ni extension.

On peut se proposer de déterminer la position du joint $M_1 Q_1$ tel qu'il y ait compression sur toute sa longueur. Cette position est évidemment celle qui est telle que la courbe des pressions rencontre le joint aux 2/3 de sa longueur à partir du parement intérieur. Or nous avons établi que, pour qu'il en fût ainsi, la hauteur h du barrage devrait être égale à la quantité H_5. Nous pouvons en conclure que le joint considéré est à une distance h du couronnement égale à

$$h = 5,428\,b,$$

c'est-à-dire

$$h = 5.428 \times 0.84 = 4^m.56.$$

La zone du mur où des décollements pourront se produire dans les joints est donc représentée, approximativement, par le triangle $MM_1 I'$, et l'on pourra par mesure de sécurité, afin d'éviter la production de fissures, relier les maçonneries du triangle $MM_1 I'$ à celles du reste de l'ouvrage par des armatures métalliques, ou remplacer la maçonnerie de ce triangle et celle de la région avoisinante du reste de mur par du béton armé.

e. Détermination semi-graphique de l'épaisseur à donner au couronnement d'un mur de soutènement.

La théorie de la détermination semi-graphique de l'épaisseur à donner au couronnement d'un ouvrage sera faite d'une manière complète lorsque nous nous occuperons des barrages. Nous n'indiquerons ici que les principes de ce calcul applicables au cas particulier des murs de soutènement.

Reportons-nous à la figure 8, page 18.

La distance horizontale X du centre de gravité du trapèze à l'extrémité C de la base inférieure s'obtiendrait de la même manière que dans l'exemple du barrage. On aurait

$$X = \frac{\frac{1}{2} nh^2 \times \frac{2}{3} nh + bh\left(nh + \frac{b}{2}\right)}{bh + \frac{1}{2} nh^2} = \frac{\frac{n^2 h^2}{3} + \left(nh + \frac{b}{2}\right)b}{b + \frac{1}{2} nh}.$$

Calculons la distance $SC = \varepsilon$ du point de passage S de la résultante sur le joint de base à l'extrémité aval de ce joint :

$$\varepsilon = X - Z \, \mathrm{tg}\, \beta,$$

Z étant la distance qui existe entre le point de concours de Q et de P et la base du mur. On a

$$Z = \frac{1}{3} h - KN \, \mathrm{tg}\, \varphi,$$

et comme

$$KN = AC - X = b + nh - X$$

$$Z = \frac{1}{3} h - (b + nh - X) \, \mathrm{tg}\, \varphi.$$

L'angle β peut se déterminer graphiquement par un triangle dynamique (fig. 12 *bis*) où figurera la poussée

$$Q = \frac{1}{2} h^2 \omega k,$$

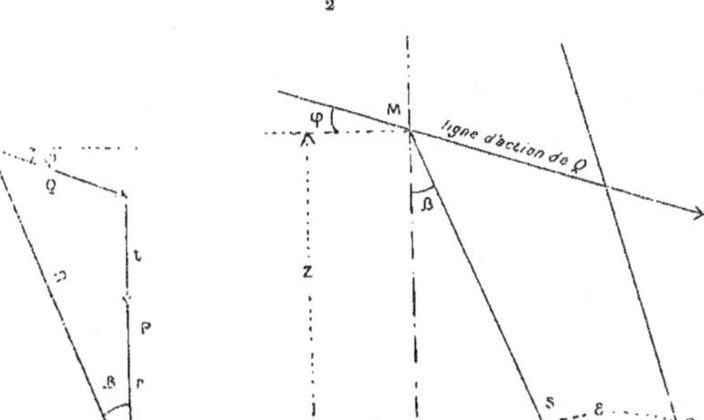

Fig. 12 *bis*.　　　　　Fig. 12 *ter*.

faisant un angle φ avec l'horizon, et le poids

$$P = \frac{1}{2} \pi h (2b + nh),$$

les forces Q et P étant évaluées sur 1 mètre de largeur du parement amont.

On figurera donc (fig. 12 *ter*) à une échelle suffisante la verticale du centre de gravité G et la portion aval de la base. On mènera par l'intersection M de la ligne d'action de Q avec la verticale du centre de gravité une direction R parallèle à R du dynamique. On aura ainsi directement le point S et la valeur de $SC = \varepsilon$.

On pourrait également calculer β par la relation

$$\mathrm{tg}\, \beta = \frac{Q \cos \varphi}{P + Q \sin \varphi},$$

et en déduire ε par la relation

$$\varepsilon = X - Z \operatorname{tg} \beta.$$

Z étant égal à la valeur trouvée plus haut.

La quantité ε étant connue, on en déduira la pression p_1 à l'extrémité aval du joint de base SC, sur l'unité de surface horizontale.

Si l'on se place dans l'hypothèse où l'on admet que le point S peut être extérieur au tiers central, on a

$$p_1 = \frac{2\,(P + Q \sin \varphi)}{3\,\varepsilon}.$$

La pression maximum p sur un joint normal au parement aval sera, d'après **M.** Maurice Lévy,

$$p = p_1\,(1 + n^2).$$

Par suite, la pression p_1 doit être inférieure ou égale à $\dfrac{p}{1 + n^2}$.

Comme dans le cas du barrage, exposé plus loin, on cherchera par tâtonnements, guidés au moyen d'une courbe d'erreurs, à déterminer la valeur de l'épaisseur b au couronnement, de manière à satisfaire à cette condition.

f. Quelques remarques finales sur les murs de soutènement.

Les remarques que nous faisons à la fin du chapitre consacré aux barrages peuvent, dans leur ensemble, s'appliquer aux murs de soutènement.

Nous nous bornerons à faire observer que si, au début de son existence, le barrage fonctionne comme un véritable mur de réservoir et suppporte ainsi une poussée généralement plus grande que celle à laquelle il devra résister lorsqu'il sera atterri et jouera le rôle d'un mur de soutènement, le mur de soutènement, lui, devra, durant toute sa durée, résister à une poussée à peu près invariable : la poussée des terres.

Alors que le barrage pourra, dans bien des cas, être calculé de telle sorte que la résultante de la poussée et du poids passe dans le tiers extrême, au moment de sa construction, on devra presque toujours prendre des dispositions pour que dans le mur de soutènement la résultante passe aux deux tiers du joint de base, et parfois même dans le tiers central de ce joint.

DEUXIÈME PARTIE.

BARRAGES RECTILIGNES.

CONSIDÉRATIONS GÉNÉRALES.

Lorsqu'un barrage est complètement atterri, il fonctionne comme un véritable mur soutenant son atterrissement, et la poussée Q qu'il supporte, de la part des matériaux qui se sont accumulés derrière lui, est donnée par la formule

$$Q = \frac{1}{2} h^2 \omega k,$$

dans laquelle le coefficient k est égal à

$$\frac{\cos^2 \alpha \cos \varphi + \cos \alpha \sin (\varphi - \alpha) \sin 2\varphi - \sqrt{4 \cos^3 \alpha \cos \varphi \sin 2\varphi \sin (\varphi - \alpha)}}{\cos^2 (2\varphi - \alpha)},$$

en admettant que l'angle de frottement des terres sur la maçonnerie est égal à l'angle de frottement des terres sur les terres.

Dans tous les cas de la pratique, ainsi qu'on peut s'en rendre compte en examinant la table graphique n° 1 (voir Annexes, Pl. I, p. 76), ce coefficient est inférieur à l'unité.

Mais tant que le barrage ne sera par atterri, et notamment lors de la première crue qui se produira après sa construction, il pourra provoquer la formation d'un lac d'eau plus ou moins chargée de matériaux, parfois d'un lac de lave, dont la poussée s'exercera normalement au parement amont et dont la surface libre pourra être considérée comme horizontale. Dans ce cas, les angles φ et α seront nuls et le coefficient K deviendra égal à l'unité.

La poussée Q appliquée, comme dans le cas des murs de soutènement, au tiers de la hauteur à partir de la base de l'ouvrage sera

$$Q_1 = \frac{1}{2} h \omega_1,$$

ω_1 étant la densité du liquide accumulé derrière l'ouvrage.

Comparer Q et Q_1, c'est évidemment comparer

$$\omega k \text{ et } \omega_1.$$

Si l'on constate que $\omega k > \omega_1$, le barrage devra être calculé comme mur de soutènement. On se trouvera généralement dans cette situation si l'atterrissement, quelque précaution que l'on prenne pour faciliter l'évacuation des limons par les aqueducs, pertuis ou barbacanes, se constitue sous la forme d'un dépôt plus ou moins argileux ayant un angle de frottement très faible en même temps qu'une densité élevée.

Si l'on constate par contre que $\omega k < \omega_1$, le barrage devra être calculé comme mur de réservoir.

Encore convient-il de dire que ces conclusions ne seraient complètement justifiées que si les poussées Q et Q_1 avaient la même direction. Or il n'en est pas ainsi, puisque, si Q_1 est normale au parement amont du mur, Q fait un certain angle avec la normale à ce parement.

Il y a lieu de remarquer d'autre part que, dans les deux cas, il n'est tenu aucun compte de la poussée exercée contre l'ouvrage par la lame d'eau, d'épaisseur variable avec le régime du torrent, qui dépasse le niveau du couronnement.

Quoi qu'il en soit, l'expérience montre que, presque toujours, la poussée de l'eau ou des laves est supérieure à la poussée de l'atterrissement, et que par conséquent on aura une sécurité plus grande en calculant l'ouvrage comme mur de réservoir qu'en le calculant comme mur de soutènement.

C'est dans ce cas que nous nous supposerons placé dans tout ce qui va suivre.

Si l'on ne considérait que la portion du barrage dépassant le niveau du lit, on pourrait calculer, en connaissant la hauteur de cette portion, les divers autres éléments du profil de l'ouvrage (l'épaisseur au couronnement en particulier), et cela, en employant la méthode qui vient d'être exposée pour les murs de soutènement. Les formules à appliquer seraient celles que nous avons établies et dans lesquelles il suffirait de faire :

$$\varphi = 0, \quad \alpha = 0, \quad K = 1.$$

Mais cette manière de faire présente un grave inconvénient.

Soit, en effet, fig. 13, un barrage ABCD dépassant le niveau du lit, au parement amont, de la hauteur MB, au moment de sa construction.

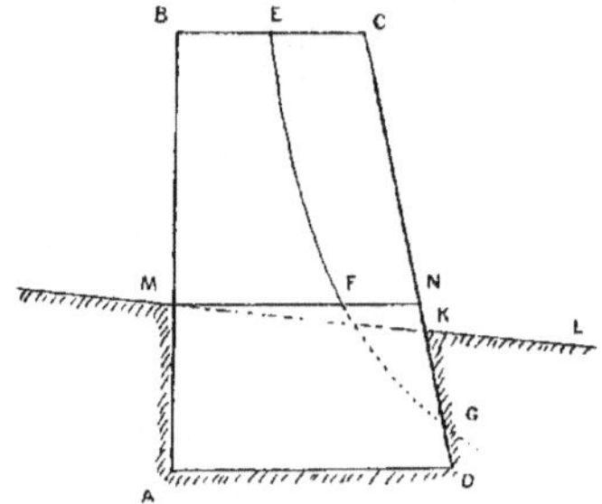

Fig. 13.

En appliquant la méthode de calcul à la portion MBCN de l'ouvrage, on pourra déterminer ses dimensions de telle sorte que la courbe des pressions passe en un point F situé sur MN entre M et N (condition de résistance au renversement) et de telle sorte, en outre, que les conditions relatives au glissement et à l'écrasement soient aussi satisfaites.

Mais il arrivera presque toujours qu'après la première crue le pied du barrage sera affouillé et qu'une partie tout au moins du prisme de terre DKL sera enlevée. L'ouvrage demeurera-t-il debout? Et, s'il n'est pas renversé, n'y aura-t-il pas glissement ou écrasement des maçonneries? Cela dépendra du tracé de la courbe des pressions dans l'intérieur du massif AMND. à partir du point F.

Au point de vue de la résistance du barrage au renversement, au glissement et à l'écrasement, la portion de l'ouvrage qui dépasse le niveau du lit ne peut donc être considérée seule. Elle fait corps avec les fondations, et l'ouvrage doit être envisagé dans son ensemble.

La méthode de calcul applicable aux murs de soutènement, que nous avons exposée dans les pages qui précèdent, ne convient donc pas aux barrages partiellement enterrés dont on fait usage dans la correction torrentielle, et c'est pour ce motif que nous croyons devoir faire une étude spéciale de ce cas particulier.

COURBE DES PRESSIONS.

Soit, fig. 14, un barrage OABC ayant une épaisseur au couronnement b, une hauteur totale H et un fruit au parement aval n. Soit $OK = h$ la hauteur dont cet ouvrage dépasse le niveau du lit.

Considérons un joint A_1B_1 situé à une hauteur h_1 au-dessous du couronnement. La poussée sur OA_1 serait égale à

$$Q_1 = \frac{1}{2} h_1^2 \omega.$$

Combinée avec le poids du mur,

$$P_1 = \frac{2b + nh_1}{2} h_1 \pi,$$

elle donnerait une résultante R_1 que rencontrerait le joint A_1B_1 en S_1. Il est évident que l'on obtiendrait le lieu du point S_1, lorsque h_1 varie, en employant la même méthode que pour les murs de soutènement.

L'équation de ce lieu peut donc s'obtenir en faisant $\varphi = o$ et $K = 1$ dans l'équation XV par exemple. Elle est

$$(\text{XLII}) \qquad y = \frac{\pi (3b^2 + 3bnx + n^2x^2) + \omega x^2}{3\pi (2b + nx)}.$$

Il apparaît immédiatement que, dans le cas particulier où nous nous sommes placé, l'équation qui précède ne peut s'appliquer qu'aux joints du barrage compris entre le couronnement OC et le joint KE.

Pour les joints situés entre KE et la base AB, elle doit être remplacée par une autre équation que nous allons établir.

Le barrage OABC est soumis à son poids $P = GP$ appliqué au centre de gravité G et à la poussée $TQ = Q$ de l'eau ou de la lave, appliquée en T au tiers de h.

Nous supposerons, dans ce qui va suivre, que la poussée des terres sur la portion AK du parement amont est nulle. Il n'en est pas tout à fait ainsi, mais cette poussée peut être considérée comme négligeable par rapport à Q, étant donnée la petitesse de AK par rapport à AO.

Les deux forces P et Q se rencontrent en M et donnent une résultante MR qui coupe la base AB en S. C'est le lieu de ce point, quand on fait varier la hauteur totale H du barrage à partir de la valeur h_1, que nous voulons chercher.

Les coordonnées x_1 et y_1 du centre de gravité G (voir le cas du mur de soutènement) par rapport aux axes yox sont :

$$\begin{cases} x_1 = H \dfrac{3b + 2nH}{6b + 3nH}, \\[2mm] y_1 = \dfrac{b}{2} + \dfrac{n}{2} H \dfrac{3b + 2nH}{6b + 3nH}. \end{cases}$$

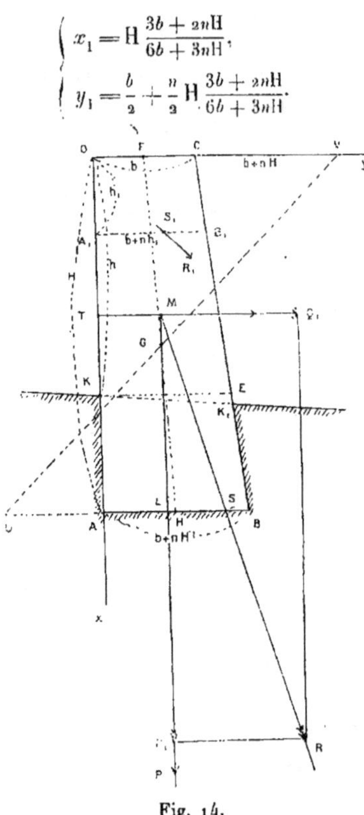

Fig. 14.

Celles x_2 et y_2 du point M :

$$\begin{cases} x_2 = \dfrac{2}{3} h, \\[2mm] y_2 = \dfrac{b}{2} + \dfrac{n}{2} H \dfrac{3b + 2nH}{6b + 3nH}. \end{cases}$$

Soit α l'angle de la résultante MR avec la verticale

$$\operatorname{tg} \alpha = \frac{Q}{P} = \frac{\dfrac{1}{2} h^2 \omega}{\dfrac{2b + nH}{2} H\pi} = \frac{h^2 \omega}{(2b + nH) H\pi}.$$

L'équation de la droite MR est

$$y - y_2 = (x - x_2)\, \mathrm{tg}\, \alpha,$$

c'est-à-dire

$$(A) \qquad y - \frac{b}{2} - \frac{n}{2} \mathrm{H} \frac{3b + 2n\mathrm{H}}{6b + 3n\mathrm{H}} = \frac{h^2\omega}{(2b + n\mathrm{H})\,\mathrm{H}\pi}\left(x - \frac{2}{3}h\right).$$

Le lieu géométrique de S s'obtient, par suite, en éliminant H entre l'équation (A) et l'équation (B), ci-après, de la droite AB :

$$(B) \qquad x = \mathrm{H}.$$

On obtient

$$(XLIII) \qquad y = \frac{b}{2} + \frac{n}{2} x \frac{3b + 2nx}{6b + 3nx} + \frac{h^2\omega}{(2b + nx)\,x\pi}\left(x - \frac{2}{3}h\right),$$

ce qui s'écrit :

$$(XLIV) \qquad y = \frac{\pi x\,(3b^2 + 3bnx + n^2x^2) + \omega h^2\,(3x - 2h)}{3\pi x\,(2b + nx)}.$$

Ce lieu, comme on le voit, est une courbe du 3e degré.

Nous ne chercherons pas, comme nous l'avons fait dans le cas du mur de soutènement, un moyen simple de la construire.

Nous tournerons la difficulté en considérant la série des barrages ayant une épaisseur au couronnement b, dans lesquels les hauteurs h et H sont dans un rapport constant. On aura, par suite, le lieu géométrique des points analogues à S en remplaçant dans les équations (XLIII) et (XLIV) la hauteur h par mx, le coefficient m étant le rapport $\dfrac{h}{\mathrm{H}}$ ou $\dfrac{h}{x}$.

L'équation (XLIV) devient

$$y = \frac{\pi\,(3b^2 + 3bnx + n^2x^2) + m^2\omega\,(3 - 2m)\,x^2}{3\pi\,(2b + nx)},$$

et, en posant

$$\lambda = \frac{m^2\omega\,(3 - 2m)}{\pi},$$

$$(XLV) \qquad y = \frac{3b^2 + 3bnx + (\lambda + n^2)\,x^2}{3\,(2b + nx)}.$$

A cette courbe, qui ne correspond plus à ce que nous avons désigné jusqu'ici sous le nom de « courbe des pressions », nous conserverons néanmoins cette dénomination.

C'est une hyperbole dont les directions asymptotiques et le centre sont définis comme suit :

directions asymptotiques. . $\begin{cases} x = 0, \\ y = \dfrac{\lambda + n^2}{3n}, \end{cases}$

$$\text{coordonnées du centre}\dots \begin{cases} x = -\dfrac{2b}{n}, \\[2mm] y = -\,b\,\dfrac{4\lambda + n^2}{3n^2}. \end{cases}$$

On la construira facilement si l'on remarque qu'elle passe par le point

$$x = 0, \qquad y = \frac{b}{2}.$$

Afin d'éviter à ceux qui voudraient s'inspirer de la méthode que nous développons ici, pour calculer leurs ouvrages, un travail assez long et sans grand intérêt, nous avons établi deux abaques figurant les courbes des pressions correspondant aux valeurs usuelles que peut prendre le paramètre λ. On verra d'ailleurs plus loin que ces abaques permettront de résoudre rapidement certains problèmes qui se présentent très fréquemment au cours de l'établissement des projets de travaux de correction torrentielle.

Donnons quelques détails sur la construction de cette sorte de table graphique.

a. *Distance du point d'application S de la résultante à l'extrémité aval B de la base de l'ouvrage.*

On a, d'une manière générale (fig. 14),

$$SB = b + nx - y,$$

et pour $x = H$

$$SB = b + nH -- \frac{3b^2 + 3bnH + (\lambda + n^2)\,H^2}{3\,(2b + nH)}$$

ou

(XLVI)
$$SB = \frac{3b^2 + 6bnH + 2n^2H^2 - \lambda H^2}{3\,(2b + nH)}.$$

Afin de ne pas nous exposer à des calculs inutiles, cherchons entre quelles limites il convient de faire varier le paramètre λ.

On a, comme on l'a vu,

$$\lambda = \frac{m^2\omega\,(3 - 2m)}{\pi}.$$

D'où, en posant

$$M = \frac{\pi}{\omega},$$

$$\lambda = \frac{m^2\,(3 - 2m)}{M}.$$

Le rapport m étant égal à $\dfrac{h}{H}$ ne peut, en pratique, que varier entre 0 et l'unité. Dans presque tous les cas, il ne variera guère qu'entre $\dfrac{1}{2}$ et 1.

D'autre part, M ne peut prendre de valeurs qu'entre les limites pratiques suivantes :
M maximum correspondant à

$$\frac{\pi \text{ maximum}}{\omega \text{ minimum}} = \frac{2400}{1000} = 2.4,$$

M minimum correspondant à

$$\frac{\pi \text{ minimum}}{\omega \text{ maximum}} = \frac{1800}{1800} = 1.$$

Ceci posé, la plus grande valeur que λ puisse prendre dans la pratique correspond au rapport

$$\frac{\text{maximum de } m^2 (3 - 2m)}{\text{minimum de M}},$$

et sa plus petite valeur au rapport

$$\frac{\text{minimum de } m^2 (3 - 2m)}{\text{maximum de M}}.$$

Or la fonction de m

$$\int (m) = m^2 (3 - 2m)$$

a pour dérivée

$$\int' (m) = 6m (1 - m).$$

Par suite, comme m est dans la pratique comprise entre $\frac{1}{2}$ et l'unité, la dérivée est positive et la fonction $\int (m)$ croissante.

Elle atteint son maximum pour $m = 1$ et son minimum pour $m = 0$ $\left(\text{en pratique pour } m = \frac{1}{2} \right)$.

La plus grande valeur de λ est donc

$$\lambda_1 = 1,$$

et sa plus petite valeur

$$\lambda_2 = \frac{\frac{1}{4} \left(3 - 2 \times \frac{1}{2} \right)}{2,4} = 0,209.$$

En pratique, nous prendrons

$$0,2 < \lambda < 1.$$

Cela étant, à l'aide de la formule (XLVI) on dressera le tableau suivant, pour les deux valeurs le plus ordinairement adoptées pour le fruit n dans les ouvrages en maçonnerie de mortier :

$$n = 0,20 \quad \text{et} \quad n = 0,25.$$

$$\text{Valeurs de : } SB = b + nH - y = \frac{3b^2 + 6bnH + 2n^2H^2 - \lambda H^2}{6b + 3nH}.$$

VALEURS de H en fonction de b. — VALEURS DU COEFFICIENT λ.

VALEURS de H en fonction de b.	0,2 $n=0,20$	0,2 $n=0,25$	0,3 $n=0,20$	0,3 $n=0,25$	0,4 $n=0,20$	0,4 $n=0,25$	0,5 $n=0,20$	0,5 $n=0,25$	0,6 $n=0,20$	0,6 $n=0,25$	0,7 $n=0,20$	0,7 $n=0,25$	0,8 $n=0,20$	0,8 $n=0,25$	0,9 $n=0,20$	0,9 $n=0,25$	1. $n=0,20$	1. $n=0,25$
b....	0,618b	0,656b	0,603b	0,641b	0,588b	0,626b	0,573b	0,611b	0,558b	0,596b	0,542b	0,582b	0,527b	0,567b	0,512b	0,552b	0,497b	0,537b
1,2b...	0,635b	0,680b	0,614b	0,659b	0,592b	0,638b	0,571b	0,617b	0,549b	0,597b	[illegible]	[illegible]	0,506b	0,555b	0,485b	0,534b	0,464b	0,513b
1,5b...	0,657b	0,713b	0,624b	0,682b	0,591b	0,650b	0,559b	0,619b	0,526b	0,587b	0,494b	0,555b	0,461b	0,524b	0,428b	0,492b	0,396b	0,461b
2....	0,683b	0,760b	0,628b	0,707b	0, 57b	0,653b	0,517b	0,600b	0,461b	0,547b	0,406b	0,493b	0,350b	0,440b	0,294b	0,387b	0,239b	0,333b
2,5b...	0,700b	0,798b	0,617b	0,718b	0,533b	0,639b	0,450b	0,560b	0,368b	0,480b	0,283b	//	0,200b	0,322b	0,117b	0,242b	0,033b	0,163b
3b....	0,708b	0,827b	0,592b	0,718b	0,477b	0,609b	0,362b	0,500b	0,246b	0,391b	0,131b	//	0,015b	0,173b	//	0,064b	//	//
3,5b...	0,707b	0,850b	0,556b	0,708b	0,405b	0,566b	0,254b	0,424b	0,103b	0,282b	//	//	//	//	//	//	//	//
4b....	0,700b	0,867b	0,510b	0,689b	0,319b	0,511b	0,129b	0,333b	//	0,156b	//	//	//	//	//	//	//	//
4,5b...	0,686b	0,878b	0,453b	0,662b	0,221b	0,446b	//	0,230b	//	0,014b	//	//	//	//	//	//	//	//
5b....	0,667b	0,885b	0,389b	0,628b	0,111b	0,372b	//	0,115b	//	//	//	//	//	//	//	//	//	//
5,5b...	0,642b	0,887b	0,317b	0,588b	//	0,290b	//	//	//	//	//	//	//	//	//	//	//	//
6b....	0,613b	0,886b	0,233b	0,543b	//	0,200b	//	//	//	//	//	//	//	//	//	//	//	//
7b....	0,541b	0,873b	0,061b	0,438b	//	0,002b	//	//	//	//	//	//	//	//	//	//	//	//
8b....	0,456b	0,850b	//	0,317b	//	//	//	//	//	//	//	//	//	//	//	//	//	//
9b....	0,358b	0,818b	//	0,182b	//	//	//	//	//	//	//	//	//	//	//	//	//	//
10b...	0,250b	0,778b	//	0,037b	//	//	//	//	//	//	//	//	//	//	//	//	//	//
11b...	0,133b	0,732b	//	//	//	//	//	//	//	//	//	//	//	//	//	//	//	//
12b...	0,001b	0,680b	//	//	//	//	//	//	//	//	//	//	//	//	//	//	//	//

Le tableau qui précède est d'un établissement relativement facile.

On remarque en effet que, pour une valeur donnée de H et pour une valeur donnée du fruit n, la valeur de SC est une fonction du premier degré en λ.

b. Intersection du parement aval du barrage et de la courbe des pressions.

L'abscisse x du point d'intersection du parement aval de barrage et de la courbe des pressions s'obtient en résolvant, par rapport à x, les équations suivantes :

$$\begin{cases} y = b + nx & \text{(Équation du parement aval)};\\[2mm] y = \dfrac{3b^2 + 3bnx + x^2(\lambda + n^2)}{3(2b + nx)} & [\text{Équation de la courbe des pressions (XLV)}]. \end{cases}$$

On en tire

(XLVII)
$$x^2(\lambda - 2n^2) -\, 6bnx - 3b^2 = 0.$$

En pratique, le fruit n ne dépasse pas 0,30 et le coefficient λ est supérieur à 0 20. On a donc toujours en pratique

$$\lambda - 2n^2 > 0.$$

L'équation ci-dessus a donc deux racines de signes contraires; la positive seule nous intéressant est, après simplification

(XLVIII)
$$x = b\,\frac{3n + \sqrt{3n^2 + 3\lambda}}{\lambda - 2n^2}.$$

A l'aide de cette formule on peut dresser le tableau suivant, pour les deux valeurs 0,20 et 0,25 les plus usuelles du fruit :

Abscisse du point d'intersection du parement aval du barrage et de la courbe des pressions. $\quad x = b\,\dfrac{3n + \sqrt{3n^2 + 3\lambda}}{\lambda - 2n^2}.$										
Valeurs de λ	0,20	0,25	0,30	0,40	0,50	0,60	0,70	0,80	0,90	1,00
Valeurs de x en fonction de b. $\quad n = 0,20.$	12,071 b	9,016 b	7,318 b	5,465 b	4,459 b	3,819 b	3,371 b	3,038 b	2,780 b	2,572 b
$n = 0,25.$	21,826 b	13,746 b	10,246 b	7,019 b	5,464 b	4,545 b	3,934 b	3,493 b	3,160 b	2,897 b

b. Construction des tables graphiques.

Nous possédons maintenant les éléments nécessaires pour construire les deux tables graphiques annoncées plus haut. On utilisera la première lorsque le fruit adopté pour le parement aval sera égal à 0,20, et l'autrelors que ce fruit sera égal à 0,25.

Soient, en effet, fig. 15, la base supérieure $AB = b$, le parement amont Ax et le

parement aval BZ. Portons sur Ax des longueurs Aa, Aa_1, Aa_2 . . . , égales respectivement :

$$\mathrm{H} = b; \quad \mathrm{H} = 1{,}2\,b; \quad \mathrm{H} = 1{,}5\,b; \quad \mathrm{H} = 2\,b \ldots,$$

et menons par les points a, a_1, a_2 . . . des parallèles à AB jusqu'à leur rencontre avec
le parement aval BZ. Soient ab, $a_1 b_1$, $a_2 b_2$ . . . ces parallèles.

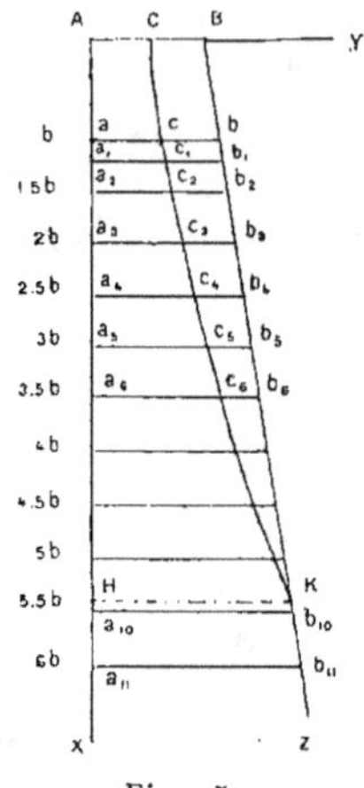

Fig. 15.

Si l'on veut, par exemple, construire la courbe correspondant à $\lambda = 0{,}4$, on prendra
respectivement bc, $b_1 c_1$, $b_2 c_2$ . . ., égales aux quantités SB données par le premier tableau
dressé ci-dessus. En joignant le point C, milieu de AB, aux points c, c_1, c_2 . . . par
une courbe, on obtiendra la courbe des pressions correspondant à $\lambda = 0{,}4$.

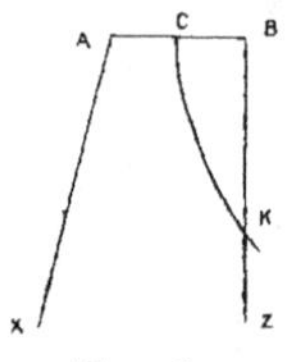

Fig. 16.

On la complétera en remarquant que cette courbe rencontre le parement aval BZ en
un point K tel que la hauteur AH correspondante de l'ouvrage est égale à la valeur
de x donnée par le deuxième des tableaux établis plus haut ($5{,}465\,b$).

On construirait de même les courbes correspondant aux autres valeurs de λ du
tableau et, par interpolation, on tracerait les courbes correspondant aux valeurs inter-
médiaires simples de λ.

Les tables graphiques n°s 2 et 3 (voir Annexes, pl. II et III) ont été construites
d'après ces principes. Toutefois, pour rendre l'exécution du dessin plus facile, nous
avons, ainsi que l'indique la figure 16, supposé le parement aval vertical et reporté le

fruit au parement amont. Enfin, pour obtenir plus de précision dans les lectures, nous avons adopté pour les abscisses et les ordonnées des échelles différentes.

Le calcul des abscisses a été fait en prenant $b = 40$ millimètres (abaque 2) et $b = 25$ millimètres (abaque 3), et celui des ordonnées en prenant $b = 500$ millimètres (abaques 2 et 3).

CALCUL DES BARRAGES.

a. RÉSISTANCE AU RENVERSEMENT.

Nous avons établi ci-dessus que la courbe des pressions rencontre le parement aval en un point dont l'abscisse est donnée par la formule

$$(XLVIII) \qquad x_1 = b \, \frac{3n + \sqrt{3n^2 + 3\lambda}}{\lambda - 2n^2}.$$

Toutes les fois donc que la hauteur d'un barrage sera inférieure à la valeur x_1 donnée par la formule précédente, ce barrage ne pourra pas être renversé.

Les valeurs de x_1 correspondant à celles de λ dans les cas particuliers $n = 0,20$ et $n = 0,25$ sont données par les tables graphiques nᵒˢ 2 et 3. Il suffit de lire l'abscisse du point d'intersection de la courbe correspondant à la valeur du paramètre λ avec la droite BZ qui représente le parement aval.

Soit, par exemple, à déterminer la hauteur maximum H à donner à un barrage dont l'épaisseur au couronnement est b, dans le cas particulier suivant :

$$m = 0,8, \qquad \pi = 2^t2, \qquad \omega = 1^t2 \qquad n = 0,20.$$

On a

$$\lambda = \frac{m^2\omega(3 - 2m)}{\pi} = 0,489.$$

La formule ci-dessus donnerait

$$x_1 = 4,54\, b.$$

Le barrage ne sera pas renversé si

$$H \leqslant 4,54\, b.$$

La table graphique nᵒ 2 pour $\lambda = 0,487$ aurait donné

$$H \leqslant 4,55\, b.$$

Le plus souvent, on se donne la hauteur totale H de l'ouvrage à établir et on se propose de calculer l'épaisseur b à donner au couronnement pour que l'ouvrage ne soit pas renversé.

Dans le cas particulier précédent, l'épaisseur b devra être telle que l'on ait :

$$b \geqslant \frac{H}{4,54} \text{ (par le calcul)},$$

$$b \geqslant \frac{H}{4,55} \text{ (à l'aide de la table graphique)}.$$

b. Résistance au glissement.

Soit g le coefficient de glissement. Le glissement sera impossible tant que la composante horizontale des forces qui agissent sur le barrage sera inférieure à la composante verticale de ces mêmes forces multipliée par le coefficient g.

En se reportant à la figure 14, page 41, on voit que l'on doit avoir, pour que le glissement soit impossible,

$$Q < Pg.$$

Or

$$Q = \frac{1}{2} h^2 \omega,$$

et comme

$$h = mH,$$

$$Q = \frac{1}{2} m^2 H^2 \omega \text{ (sur l'unité de longueur de barrage)}.$$

D'autre part, le poids P du barrage (sur l'unité de longueur du barrage) est

$$P = \frac{1}{2} H (2b + nH) \pi.$$

On doit donc avoir

$$\frac{1}{2} m^2 H^2 \omega \leqslant \frac{1}{2} H (2b + nH) \pi \times g,$$

D'où l'on tire

$$H \leqslant \frac{2bg\pi}{m^2\omega - \pi n g}.$$

Divisons les deux termes de la fraction par $m^2\omega$ et posons

$$\gamma = \frac{\pi}{m^2\omega},$$

l'inégalité devient

$$H \leqslant \frac{2bg\gamma}{1 - ng\gamma}.$$

On en tire

$$b \geqslant H \frac{1 - ng\gamma}{2g\gamma}.$$

Ce qui signifie que si l'on se donne la hauteur totale H du barrage on devra, si l'on veut que ce dernier ne glisse pas sur sa base, lui donner une épaisseur au couronnement supérieure ou au moins égale à la hauteur H multipliée par

$$\frac{1 - n g \gamma}{2 g \gamma}.$$

C'est un calcul à faire dans chaque cas particulier, mais que l'on peut éviter en employant des tables graphiques.

L'égalité

$$b = H \frac{1 - n g \gamma}{2 g \gamma}$$

peut s'écrire

$$g \gamma = \frac{H}{n H + 2 b}.$$

Par conséquent, pour chaque valeur de H exprimée en fonction de b et pour chaque valeur de n, on a

$$g \gamma = \text{constante}.$$

Cette relation est représentée graphiquement par une hyperbole équilatère. En donnant à H des valeurs simples, on obtient pour une valeur donnée de n une série d'hyperboles formant une table graphique qui permet de résoudre graphiquement l'équation

$$b = H \frac{1 - n g \gamma}{2 g \gamma}.$$

Nous avons calculé deux tables graphiques portant les n°s 4 et 5 (voir Annexes, pl. II et III) pour les valeurs du fruit n les plus ordinairement adoptées :

$$n = 0,20 \qquad \text{et} \qquad n = 0,25.$$

Soit, par exemple, à déterminer l'épaisseur b à donner au couronnement d'un barrage de hauteur H pour qu'il ne glisse pas sur sa base dans le cas particulier :

$$n = 0,20; \quad m = 0,8; \quad \omega = 1'2; \quad \pi = 2'2 \quad \text{et} \quad g = 0,93.$$

On a

$$\gamma = \frac{2,2}{0,8^2 \times 1,2} = 2,6.$$

Par le calcul, on trouverait

$$b \geq H \frac{1 - 0,20 \times 0,93 \times 2,6}{2 \times 0,93 \times 2,6}$$

ou

$$b \geq 0.107 \, H.$$

D'autre part, la table graphique n° 4 donne pour

$$\gamma = 2,6 \qquad \text{et} \qquad g = 0,93 :$$

$$\text{H} \leqslant 9,4\, b,$$

c'est-à-dire

$$b \geqslant 0,107\, \text{H}.$$

c. RÉSISTANCE À L'ÉCRASEMENT.

Nous n'examinerons que deux cas : celui où l'on s'impose de construire un ouvrage tel que la résultante de la poussée et du poids passe exactement aux deux tiers de la base inférieure à partir du parement amont, et celui où l'on consent à ce que cette résultante passe dans le tiers extrême de la base inférieure.

Dans ce dernier cas, on admet que les maçonneries voisines du parement amont pourront être soumises à des efforts d'extension et que l'on n'a pas à redouter les conséquences pouvant résulter de la formation de fissures provenant de décollements dans les joints.

Dans la pratique, pour des raisons d'économie, on ne construit ordinairement pas de barrages tels que la résultante passe dans le tiers médian de la base inférieure.

1er *cas.* — *On veut que la résultante des forces qui agissent sur le barrage passe exactement par le point situé aux deux tiers de la base inférieure à partir du parement amont.*

La courbe des pressions a pour équation

$$y = \frac{3b^2 + 3bnx + x^2 (\lambda + n^2)}{3 (2b + nx)}.$$

D'autre part, le lieu géométrique des points situés aux deux tiers de la base à partir du parement amont est

$$y = \frac{2}{3} (b + nx).$$

En éliminant y entre ces deux équations, on obtient l'équation aux abscisses des points d'intersection

$$x^2 (\lambda - n^2) - 3bnx - b^2 = 0.$$

Comme en pratique $\lambda > n^2$, cette équation a deux racines de signes contraires; la positive, seule nous convenant, est

$$\text{(XLIX)} \qquad x_2 = b\, \frac{3n + \sqrt{5n^2 + 4\lambda}}{2 (\lambda - n^2)}.$$

Sur les tables graphiques n°ˢ 2 et 3, on a tracé les droites MN correspondant, aux échelles adoptées, à l'équation

$$y = \frac{2}{3} (b + nx),$$

avec $n = 0,20$ dans la table n° 2 et $n = 0,25$ dans la table n° 3.

4.

Les valeurs de x_2 sont données par l'abscisse des points d'intersection de MN et de la courbe correspondant à la valeur de λ dans chaque cas particulier.

Soit, par exemple,

$$\lambda = 0,42 \quad \text{et} \quad n = 0,20.$$

Le calcul donne

$$x_2 = 2,59\, b$$

et la table graphique

$$x_2 = 2,60\, b,$$

valeur très voisine de la précédente.

Quoi qu'il en soit, si p désigne la pression par unité de surface horizontale à l'extrémité aval de la base inférieure, cette pression est, comme on le sait, égale, dans le cas que nous examinons, au double de la pression moyenne.

Or cette pression moyenne p_m est égale au poids du barrage divisé par la surface de sa base inférieure. Soit l la longueur de l'ouvrage et $H = x_2$ sa hauteur totale, on a

$$p_m = \frac{1}{2} l\,(2b + nH)\,\pi H \frac{1}{(b + nH)\, l},$$

et, par suite,

(L)
$$p = 2p_m = \frac{(2b + nH)\,\pi H}{b + nH}.$$

Dans l'exemple précédent, pour

$$x_2 = H = 2,6\, b$$

et en supposant

$$\pi = 2{,}2 \quad \text{et} \quad n = 0,20,$$

$$p = \frac{(2b + 0,52\, b) \times 2,2 \times 2,6\, b}{b + 0,2 \times 2,6\, b} = 9,48\, b \text{ tonnes}$$

par mètre carré.

Si l'on se donne

$$H = 6^m,$$

en a

$$b = \frac{6}{2,6} = 2^m31,$$

et, par suite,

$$p = 9,48 \times 2,31 = 21^t9 \text{ par mètre carré},$$

soit environ 2^k2 par centimètre carré de surface horizontale à l'extrémité aval de la base inférieure, extrémité qui supporte la pression maximum.

Si nous nous plaçons dans l'hypothèse de M. Maurice Lévy, la pression maximum sur un joint normal au parement aval à l'extrémité aval de la base inférieure sera

$$(\text{LI}) \qquad \text{pression maximum} = p\,(1 + n^2) = \frac{(2b + n\text{H})\,\pi\text{H}}{b + n\text{H}}\,(1 + n^2),$$

et, dans le cas particulier,

$$\text{pression maximum} = 21^t9\,(1 + 0{,}04) = 22^t78 \text{ par mètre carré.}$$

Remarquons que l'obligation que nous nous sommes imposée de faire passer la résultante par le point situé exactement aux deux tiers de la base inférieure nous amène immédiatement aux valeurs à adopter pour les dimensions du profil de barrage.

Sa hauteur $x_2 = \text{H}$ et son épaisseur au couronnement sont, en effet, liées par la relation

$$(\text{XLIX}) \qquad x_2 = \text{H} = b\,\frac{3n + \sqrt{5n^2 + 4\lambda}}{2\,(\lambda - n^2)}.$$

Nous n'avons donc pas la liberté de faire travailler les maçonneries à une pression donnée. Cette pression résulte de la valeur trouvée pour l'épaisseur au couronnement b. Et, dans chaque cas particulier, nous ne pouvons que vérifier si elle est inférieure à la valeur que nous nous sommes imposé de ne pas dépasser.

2ᵉ cas. — On consent à ce que la résultante des forces qui agissent sur le barrage passe dans le tiers extrême de la base inférieure, à partir du parement amont.

Nous avons vu plus haut que l'abscisse x_1 du point d'intersection du parement aval avec la courbe des pressions est donnée par la formule (XLVIII) et que l'abscisse x_2 du point d'intersection de la droite lieu géométrique des points situés aux deux tiers de la base inférieure, à partir du parement amont, avec la courbe des pressions, est donnée par la formule (XLIX).

Par conséquent, toutes les fois que la hauteur totale H du barrage sera telle que

$$x_2 < \text{H} < x_1,$$

le point d'application de la résultante se trouvera dans le tiers extrême de la base inférieure.

Si a est la distance du point d'application à l'extrémité aval de la base inférieure et P le poids de barrage pour une longueur égale à l'unité, la pression maximum p_1 sur l'unité de surface horizontale à l'extrémité aval de la base est, comme on le sait,

$$p_1 = \frac{2\text{P}}{3\,a}.$$

En se plaçant dans l'hypothèse Maurice Lévy, la pression maximum p s'exerçant sur un joint normal au parement aval à l'extrémité de la base inférieure serait

$$p = p_1\,(1 + n^2) = \frac{2\text{P}}{3a}\,(1 + n^2).$$

C'est cette pression p que nous considérerons dans ce qui va suivre.

Si H est la hauteur totale du barrage, on a

$$P = \frac{1}{2}(2b + nH)\,\pi H,$$

et par conséquent

$$p_1 = \frac{(b + nH)\,H\pi}{3a}.$$

et

$$p = \frac{(b + nH)\,H\pi\,(1 + n^2)}{3a}.$$

Mais nous avons trouvé ci-dessus que la quantité $a = SB$ (fig. 14, p.41) est donnée par la formule (XLVI). On en déduit

$$p = \frac{\pi H\,(2b + nH)^2\,(1 + n^2)}{3b^2 + 6bnH + 2n^2H^2 - \lambda H^2}.$$

Posons $\dfrac{b}{H} = M$, c'est-à-dire $b = MH$, l'expression précédente devient

(LII)
$$\frac{\pi H\,(1 + n^2)}{p} = \frac{3M^2 + 6Mn + 2n^2 - \lambda}{(2M + n)^2}.$$

Pour chaque valeur de M, λ, n, le second membre de l'égalité précédente prend une valeur déterminée pour laquelle

$$\frac{\pi H\,(1 + n^2)}{p} = \text{constante} = C.$$

Le tableau que l'on trouvera ci-après donne, dans les deux cas particuliers $n = 0,20$ et $n = 0,25$, pour des valeurs déterminées de M et de λ, les valeurs correspondantes de C.

Les nombres de ce tableau se calculent assez facilement. On remarque, en effet, que, pour une valeur donnée de M et que pour une valeur également donnée du fruit n, la valeur de C est une fonction du premier degré en λ. La différence entre deux nombres consécutifs d'une même colonne est donc constante.

Les nombres dont il s'agit nous ont permis de construire la table graphique n° 6 (voir Annexes, pl. IV) pour $n = 0,20$ et celle portant le n° 7 (voir Annexes, pl. V) pour $n = 0,25$.

Ces tables s'utilisent comme suit :

Soit à déterminer l'épaisseur à donner au couronnement d'un barrage de 7 mètres de hauteur dans le cas particulier suivant :

$$n = 0,20, \quad \pi = 2^t2, \quad \omega = 1,2, \quad m = \frac{h}{H} = 0,8,$$

pour que la pression maximum p à l'extrémité de la base du côté du parement aval soit égale à 80 tonnes par mètre carré, en admettant que l'on consente à ce que la résultante des forces qui agissent sur le barrage passe dans le tiers extrême de la base.

$$\text{Valeurs de } C = \frac{\pi H\,(1 + n^2)}{p} = \frac{3M^2 + 6Mn + 3n^2 - \lambda}{(2M + n)^2}.$$

Valeurs de $M = \dfrac{b}{H}$.

VALEURS de λ.	0,50		0,45		0,40		0,35		0,30		0,25		0,20		0,17		0,15	
	$n=0,20$	$n=0,25$	$n=0,20$	$n=0,25$	$n=0,20$	$n=0,25$	$n=0,20$	$n=0,25$	$n=0,20$	$n=0,25$	$n=0,20$	$n=0,25$	$n=0,20$	$n=0,25$	$n=0,20$	$n=0,25$	$n=0,20$	$n=0,25$
0,20...	0,854	0,912	0,849	0,913	0,840	0,912	0,824	0,906	0,797	0,893	0,750	0,867	0,667	0,817	0,585	0,766	0,480	0,719
0,25...	0,820	0,880	0,808	0,876	0,790	0,866	0,762	0,850	0,719	0,824	0,648	0,778	0,528	0,698	0,414	0,623	0,280	0,554
0,30...	0,785	0,848	0,767	0,838	0,740	0,821	0,701	0,795	0,641	0,754	0,546	0,689	0,389	0,580	0,242	0,479	0,080	0,388
0,35...	0,750	0,816	0,725	0,800	0,690	0,776	0,639	0,740	0,564	0,685	0,444	0,600	0,250	0,462	0,071	0,335	//	0,223
0,40...	0,715	0,784	0,584	0,762	0,640	0.730	0,577	0,684	0,486	0,616	0,342	0,511	0,111	0,343	//	0,192	//	0,058
0,45...	0,681	0,752	0,643	0,724	0,590	0,685	0,515	0,629	0,408	0,547	0,240	0,422	//	0,225	//	0,048	//	//
0,50...	0,646	0,720	0,601	0,686	0,540	0,640	0,454	0,573	0,330	0,478	0,138	0,333	//	0,107	//	//	//	//
0,55...	0,611	0,688	0,560	0,648	0,490	0,594	0,392	0,518	0,252	0,408	0,036	0,244	//	//	//	//	q	//
0,60...	0,576	0,656	0,519	0,611	0,440	0,549	0,330	0,463	0,174	0,339	//	0,155	//	//	//	//	//	//
0,65...	0,542	0,624	0,477	0,573	0,390	0,504	0,269	0,407	0.097	0,270	//	0,067	//	//	//	//	//	//
0,70...	0,507	0,592	0,436	0,535	0,340	0,458	0,207	0,352	0,019	0.201	//	//	//	//	//	//	//	//
0,75...	0,472	0,560	0,395	0,497	0,290	0,413	0,145	0,296	//	0,132	//	//	//	//	//	//	//	//
0,80...	0,438	0,528	0,353	0,459	0,240	0,367	0,083	0,241	//	0,062	//	//	//	//	//	//	//	//
0,85...	0,403	0,496	0,312	0,421	0,190	0,322	0,022	0,186	//	//	//	//	//	//	7	//	//	//
0,90...	0,368	0,464	0,271	0,384	0,140	0,277	//	0,130	//	//	//	//	//	0	//	//	//	//
0,95...	0,333	0,432	0,229	0,346	0,090	0,231	//	0,075	//	//	//	//	//	//	//	//	//	//
1,00...	0.299	0,400	0,188	0,308	0,040	0,186	//	0,019	//	//	//	//	//	//	0	//	//	//

On a d'abord

$$\lambda = \frac{m^2\omega\,(3 - 2m)}{\pi} = \frac{\overline{0,8}^2 \times 1,2\,(3 - 2 \times 0,8)}{2,2} = 0,489.$$

On a ensuite

$$C = \frac{\pi H\,(1 + n^2)}{p} = \frac{2,2 \times 7 \times (1,04)}{80} = 0,2002.$$

La formule (LII) devient

$$0,2002 = \frac{3M^2 + 6M \times 0,2 + 2 \times 0,04 - 0,489}{(2M + 0,2)^2}.$$

D'où l'on tire

$$M = 0,259$$

et, par suite,

$$b = MH = 0,259 \times 7 = 1^m 813.$$

La table graphique n° 6, pour $\lambda = 0,489$ et $C = 0,2002$, aurait donné la même valeur de M et, par suite, la même valeur de b.

d. Applications.

Nous sommes maintenant en mesure de calculer un barrage quelconque et, pour indiquer la marche à suivre en application des indications qui précèdent, nous donnerons deux exemples: l'un dans lequel nous ferons intervenir un fruit autre que ceux adoptés pour la construction des abaques n°^{s} 2, 4 et 6 (fruit = 0,20) et n°^{s} 3, 5, 7 (fruit = 0,25), et l'autre dans lequel nous prendrons ce fruit égal à 0,20.

1er Exemple. — Déterminer l'épaisseur b à donner au couronnement d'un barrage ayant 8 mètres de hauteur totale dont 6 mètres au-dessus du niveau du lit, de telle sorte que ce barrage résiste à la poussée des laves.
On donne :

$$\pi = 2^t 1, \qquad \omega = 1^t 2, \qquad n = 0,30, \qquad p = 70 \text{ tonnes}, \qquad g = 0,80.$$

D'après les conventions adoptées, on a :

$$\text{coefficient } m = \frac{6}{8} = 0,75 ;$$

$$\text{coefficient } \lambda = \frac{m^2\omega\,(3 - 2m)}{\pi} = \frac{\overline{0,75}^2 \times 1,2 \times (3 - 2 \times 0,75)}{2,1} = 0,482 ;$$

$$\text{coefficient } \gamma = \frac{\pi}{m^2\omega} = \frac{2,1}{\overline{0,75}^2 \times 1,2} = 3,111.$$

$1°$ *Résistance au renversement.* — D'après la formule (XLVIII), la hauteur totale H doit être telle que l'on ait

$$H \leqslant b \, \frac{3n + \sqrt{3n^2 + 3\lambda}}{\lambda - 2n^2},$$

c'est-à-dire

$$8 \leqslant b \, \frac{3 \times 0{,}30 + \sqrt{3 \times \overline{0{,}3^2} + 3 \times 0{,}482}}{0{,}482 - 2 \times \overline{0{,}3^2}}.$$

D'où l'on tire

$$b \geqslant 1^m 593.$$

$2°$ *Résistance au glissement.* — Nous avons établi que, pour que le barrage ne glisse pas sur sa base, on devait avoir

$$b \geqslant H \, \frac{1 - ng\gamma}{2g\gamma},$$

c'est-à-dire

$$b \geqslant 8 \, \frac{1 - 0{,}3 \times 0{,}8 \times 3{,}111}{2 \times 0{,}8 \times 3{,}111},$$

d'où

$$b \geqslant 0^m 407.$$

$3°$ *Résistance à l'écrasement.*

1er *cas.* — On veut que la résultante des forces qui agissent sur le barrage passe exactement aux deux tiers de la base inférieure à partir du parement amont.

D'après la formule (XLIX), on doit avoir

$$H = b \, \frac{3n + \sqrt{5n^2 + 4\lambda}}{2(\lambda - n^2)}.$$

D'où

$$b = \frac{8 \times 2 (0{,}482 - \overline{0{,}3^2})}{3 \times 0{,}3 + \sqrt{5 \times \overline{0{,}3^2} + 4 \times 0{,}482}} = 2^m 568.$$

La pression maximum par unité de surface horizontale qui s'exerce à l'extrémité aval de la base inférieure est (formule L) :

$$p = \frac{(2b + nH)\,\pi H}{b + nH},$$

c'est-à-dire

$$p = \frac{(2 \times 2{,}568 + 0{,}3 \times 8)\,2{,}1 \times 8}{2{.}568 + 0{,}3 \times 8} = 25^t 5,$$

et la pression maximum (Maurice Lévy) qui s'exerce sur l'unité de surface normal au parement aval, à l'extrémité de la base, est (formule LI) :

$$\text{Pression maximum} = p\,(1 + n^2) = 25^t 5\,(1 + \overline{0{,}3^2}) = 27^t 80,$$

soit $2^k 78$ par centimètre carré.

2e *cas.* — On consent à ce que la résultante des forces passe dans le tiers extrême de la base inférieure.

La formule (LII) devient, en posant $C = \dfrac{\pi H (1 + n^2)}{p}$,

$$M^2 (3 - 4C) + 2Mn (3 - 2C) + n^2 (2 - C) - \lambda = 0.$$

Or

$$C = \frac{2,1 \times 8 (1 + \overline{0.3}^2)}{70} = 0,2616.$$

Le paramètre M est donc donné par l'équation

$$M^2 (3 - 4 \times 0,2616) + 2M \times 0,3 (3 - 2 \times 0,2616) + \overline{0,3}^2 (2 - 2,616) - 0,482 = 0,$$
$$1,954 M^2 + 1,486 M - 0,326 = 0.$$

D'où

$$M = 0,178.$$

Et comme

$$M = \frac{b}{H},$$

on a

$$b = 0,178 H = 0,178 \times 8 = 1^m 422.$$

En résumé, les épaisseurs au couronnement trouvées en tenant compte de la condition de non-écrasement sont supérieures à celles exigées pour la résistance au renversement et au glissement.

La base supérieure du barrage devra donc avoir $2^m 57$ d'épaisseur si l'on veut être assuré qu'il n'y aura pas de décollement dans les joints (résultante appliquée aux deux tiers), ou $1^m 43$ si l'on ne redoute pas la production de fissures dans les maçonneries inférieures du parement amont (résultante appliquée dans le tiers extrême).

Vérification. — Calculons la distance du point d'application de la résultante, sur la base inférieure, à l'extrémité aval de cette base. Cette distance est donnée par la formule (XLVI) :

$$SB = a = \frac{3b^2 + 6bnH + 2n^2 H^2 - \lambda H^2}{3 (2b + nH)}.$$

On a, dans notre cas particulier,

$$a = \frac{3 \times \overline{1,422}^2 + 6 \times 1,422 \times 0,3 \times 8 + 2 \times \overline{0,3}^2 \times 8^2 - 0,482 \times 8^2}{3 (2 \times 1,422 + 0,3 \times 8,)} = 0^m 458.$$

Le poids du barrage sur une longueur de 1 mètre est

$$P = \frac{2b + nH}{2} H\pi = \frac{2 \times 1,422 + 0,3 \times 8}{2} \times 8 \times 2,1 = 44^t 050,$$

et la pression maximum sur l'unité de surface horizontale à l'extrémité aval de la base inférieure,

$$p_1 = \frac{2P}{3a} = \frac{88,10}{3 \times 0,458} = 64^t 12.$$

La pression maximum sur l'unité de surface normale au parement aval, à l'extrémité aval de la base, est

$$p = p_1 (1 + n^2) = 64^t 12 (1 + \overline{0,3}^2) = 69^t 89,$$

valeur très voisine de celle que nous nous étions donnée comme pression à ne pas dépasser.

2e EXEMPLE. — Déterminer l'épaisseur à donner au couronnement d'un barrage ayant $7^m 50$ de hauteur totale dont 6 mètres au-dessus du niveau du lit, de telle sorte qu'il résiste à la poussée des laves. On donne :

$$\pi = 2^t 3, \qquad \omega = 1^t 3, \qquad n = 0,20, \qquad p = 80 \text{ tonnes } m^2, \qquad g = 0,92.$$

On a :

$$\text{coefficient } m = \frac{6}{7,5} = 0,8,$$

$$\text{coefficient } \lambda = \frac{m^2\omega(3 - 2m)}{\pi} = \frac{\overline{0,8}^2 \times 1,3 (3 - 2 \times 0,8)}{2,3} = 0,506,$$

$$\text{coefficient } \gamma = \frac{\pi}{m^2\omega} = \frac{2,3}{0,8^2 \times 1,3} = 2,76,$$

$$\text{coefficient } C = \frac{\pi H (1 + n^2)}{p} = \frac{2,3 \times 7,5 \times (1,04)}{80} = 0,224.$$

1° *Résistance au renversement.*

La table graphique n° 2 donne, pour $\lambda = 0,506$ (intersections de la courbe $\lambda = 0,506$ avec le parement aval BZ),

$$H \leqslant 4,43 b,$$

et comme $H = 7^m 50$,

$$b \geqslant \frac{7,5}{4,43} \text{ ou } b \geqslant 1^m 693.$$

2° *Résistance au glissement.*

La table graphique n° 4 donne, pour $\gamma = 2,76$ et $g = 0,92$,

$$H \leqslant 10 b \text{ environ,}$$

d'où

$$b \geqslant \frac{H}{10},$$

et comme $H = 7^m 50$,

$$b \geqslant 0^m 75.$$

3° *Résistance à l'écrasement.*

1er *cas.* — Nous voulons que le point d'application de la résultante soit exactement aux deux tiers de la base inférieure à partir du parement amont.

L'abaque n° 2 donne (intersection de la courbe $\lambda = 0,506$ avec la droite MN)

$$H = 2,26b.$$

D'où, puisque $H = 7^{m} 50$,

$$b = \frac{7,50}{2,26} = 3^{m} 32.$$

Dans ce cas, la pression maximum sur l'unité de surface horizontale, à l'extrémité aval de la base, est

$$p_1 = \frac{(2b + nH)\,\pi H}{b + nH} = \frac{(6,64 + 0,2 \times 7,5)\,2,3 \times 7,5}{3,32 + 0,2 \times 7,5} = 29^{t} 1,$$

et la pression maximum (Maurice Lévy),

$$p = p_1 (1 + n^2) = 29^{t} 1 \times 1,04 = 30^{t} 26,$$

soit environ 3 kilogrammes par centimètre carré.

2e *cas.* — On consent à ce que le point d'application de la résultante sur la base inférieure soit dans le tiers extrême de cette base.

L'abaque n° 6 donne, pour $C = 0,224$ et $\lambda = 0,506$,

$$M = 0,273,$$

et comme

$$M = \frac{b}{H},$$

$$b = H \times 0,273 = 7,50 \times 0,273 = 2^{m} 048.$$

L'épaisseur au couronnement devra donc être égale à $3^{m} 32$ si l'on veut que la résultante passe exactement aux deux tiers de la base (condition de non-décollement dans les joints), et à $2^{m} 048$ si l'on ne craint pas les inconvénients pouvant résulter de fissures au parement amont dans le bas de l'ouvrage.

Ces deux valeurs satisfont aux conditions de résistance au renversement, au glissement et à l'écrasement.

Vérification.

De la relation $M = \dfrac{b}{H} = 0,273$, on tire

$$H = \frac{b}{0,273} = 3,663b.$$

La table graphique n° 2 nous fait connaître que pour $\lambda = 0,506$ et $H = 3,663b$ la résultante est appliquée à une distance de l'extrémité aval de la base inférieure égale à

$$a = 0,204\,b,$$

c'est-à-dire, dans notre cas particulier,

$$a = 0,204 \times 2,048 = 0,418.$$

Le poids du barrage sur l'unité de longueur est

$$P = \frac{2b + nH}{2}\,H\pi = \frac{2 \times 2,048 + 0,2 \times 7,5}{2} \times 7,5 \times 2,3 = 48^t 27,$$

et la pression (sur l'unité de surface horizontale) à l'extrémité aval de la base,

$$p_1 = \frac{2P}{3a} = \frac{96,54}{1,254} = 76^t 99.$$

La pression maximum (Maurice Lévy) est donc

$$p = p_1\,(1 + n^2) = 76^t 99 \times 1,04 = 80^t 07,$$

valeur très voisine de celle que nous nous sommes fixée comme limite à ne pas dépasser.

Tracé de la courbe des pressions. — Proposons-nous de tracer, dans le dernier exemple choisi, la courbe véritable des points d'application de la résultante sur les joints horizontaux successifs du barrage.

Ce barrage a le profil indiqué par la figure 17 ci-après.

La courbe des pressions comprend deux parties dans le prolongement l'une de l'autre.

La première correspond à la portion de l'ouvrage qui est au-dessus du niveau du lit : OKEC. La deuxième correspond à la portion enterrée : AKEB. On pourrait construire la première par points à l'aide de son équation (XLII).

Mais il est plus rapide d'utiliser pour cela la table graphique n° 2 en remarquant que, pour tous les joints situés au-dessus de KE, on a $h = H$ et, par suite, $m = 1$.

Le coefficient λ devient égal à

$$\frac{\omega}{\pi} = \frac{1,3}{2,3} = 0,565.$$

Soit par exemple à trouver le point de rencontre S_4 de la courbe de pression avec le joint situé à $2^m 50$ au-dessous du couronnement :

$$H = 2^m 50,$$

et comme $b = 2,048$, on a

$$H = \frac{2,50}{2,048}\,b = 1,222\,b.$$

Pour $\lambda = 0,565$ et $H = 1,222b$, l'abaque n° 2 donne :

$$S_4 B_4 = a = 0,556b,$$

$$S_4 B_4 = a = 0,556 \times 2,048 = 1^m 139.$$

Cherchons le point de rencontre S_3 de la courbe des pressions et du joint $S'_3 B_3$, tel que le point S_3 soit aux deux tiers de $S'_3 B_3$.

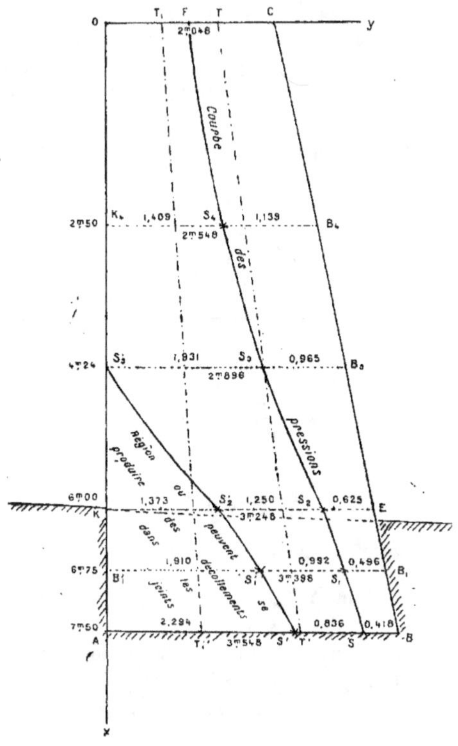

Fig. 17.

L'abaque n° 2 donne (point de rencontre de la courbe $\lambda = 0,565$ et de la droite MN) :

$$OS'_3 = H = 2,07b = 2,07 \times 2,048 = 4^m 240,$$

$$S_3 B_3 = a = 0,471b = 0,471 \times 2,048 = 0^m 965.$$

La longueur $S_3 B_3$ est bien égale au tiers de $S'_3 B_3$ qui est égal à

$$2,048 + 0,2 \times 4,24 = 2,896.$$

Un autre point intéressant de la courbe des pressions est celui qui se trouve sur le joint KE.

Ici $H = 6^m$, et comme $b = 2^m 048$,

$$H = 2,93b.$$

La table graphique n° 2 donne (point de rencontre de la courbe $\lambda = 0,565$ et de l'horizontale $H = 2,93b$)

$$S_2 E = a = 0,305b = 0,305 \times 2,048 = 0^m 625.$$

La pression sur ce joint se répartit non plus sur toute sa largeur comme dans le cas du joint précédent $S_3 B_3$, mais sur une longueur $S_2 E$ égale à trois fois $S_2 E$, c'est-à-dire sur $1^m 875$.

Prenons maintenant un dernier joint, le joint $B_1 B$, situé à mi-hauteur des fondations, soit à $6^m 75$ au-dessous du couronnement.

On a :

$$m = \frac{h}{H} = \frac{6}{6,75} = 0,889,$$

$$\lambda = \frac{m^2 \omega (3 - 2m)}{\pi} = \frac{\overline{0,889^2 \times 1,3 (3 - 2 \times 0,889)}}{2,3} = 0,546.$$

D'autre part,

$$\frac{H}{b} = \frac{6,60}{2,048} = 3,296,$$

d'où

$$H = 3,296b.$$

La table graphique n° 2 donne, pour $\lambda = 0,546$ et $H = 3,296b$,

$$S_1 B_1 = a = 0,242b = 0,242 \times 2,048 = 0^m 496.$$

Pour ce dernier joint, nous aurions pu déterminer le point de passage de la courbe des pressions en faisant usage de l'équation de cette courbe (XLIV). L'ordonnée $y = B_1 S_1$ aurait été obtenue en faisant dans cette équation :

$$x = 6^m 75; \quad h = 6^m; \quad b = 2,048; \quad \omega = 1,3; \quad \pi = 2,3; \quad n = 0,2,$$

mais le calcul aurait été plus laborieux.

Ici encore la pression se répartit sur une longueur $S_1 B$ égale à 3 fois $S_1 B_1$, c'est-à-dire égale à $1^m 488$.

Enfin nous connaissons SB sur le joint de base. La pression sur ce joint se répartit sur une largeur égale à 3 SB, c'est-à-dire égale à $3 \times 0,418 = 1^m 254$.

La courbe des pressions $FS_4 S_3 S_2 S_1 S$ peut donc être tracée, ainsi que la courbe $S_3' S_2' S_1' S'$, où la pression de l'unité de surface est nulle (d'après la loi du trapèze que nous avons admise dès le début).

Dans la partie du barrage comprise entre cette courbe, le parement amont et la base, des efforts d'extension pourront naître et des fissures pourront s'ouvrir par décollement des joints. Par mesure de sécurité, on devra relier les maçonneries de cette région à celles du barrage par des armatures métalliques, ou remplacer ces maçonneries et celles avoisinantes par du béton armé.

Inutilité de la vérification de la résistance à l'écrasement des joints situés au-dessus de la base inférieure de l'ouvrage.

Dans tout ce qui précède, nous avons implicitement supposé que la pression supportée par les maçonneries atteignait sa valeur maximum à l'extrémité aval de la base inférieure, et que, par conséquent, si le calcul du barrage est conduit de manière à lui assurer une épaisseur telle que la pression en ce point est égale à une valeur fixée comme limite, les pressions maxima sur les joints situés au-dessus de la base inférieure sont plus faibles que cette limite.

Au prix de calculs longs et laborieux, on pourrait établir que la distance du point d'application de la résultante sur un joint déterminé à l'extrémité aval de ce joint diminue du couronnement à la base de l'ouvrage dans tous les cas de la pratique.

Désignant par

$$y = f(x)$$

l'équation de la courbe des pressions (formules XLII et XLIV) on verrait que la quantité $a = SB$ donnée par la relation

$$SB = a = b + nx - f(x)$$

décroît lorsque x augmente dans les limites de la pratique.

La figure 17 montre d'ailleurs, sur un cas particulier, qu'il en est bien ainsi.

Or, en même temps que la hauteur de barrage s'accroît et que a décroît, le poids de l'ouvrage augmente. Pour deux raisons donc, la pression maximum s'exerçant à l'extrémité aval du joint va en augmentant du couronnement à la base de l'ouvrage.

Si le joint de base résiste, ceux qui sont situés plus haut résistent aussi.

Inutilité de la vérification de la résistance au renversement et au glissement.

Pour être complet dans notre exposé, nous avons indiqué comment il convenait de calculer la dimension à donner à un ouvrage pour qu'il ne soit pas renversé et pour qu'il ne glisse pas sur sa base.

Dans la pratique, ces calculs sont inutiles. Les dimensions obtenues soit par la condition d'application de la résultante au point situé aux deux tiers de la base, soit par la condition proprement dite de résistance à l'écrasement, sont toujours supérieures à celles qu'exigeraient les conditions de résistance au renversement et au glissement.

e. Détermination semi-graphique de l'épaisseur
à donner au couronnement d'un barrage.

Les tables graphiques, dont nous avons indiqué le mode d'emploi, permettent de calculer très rapidement l'épaisseur à donner au couronnement d'un ouvrage lorsque le fruit du parement aval est égal à 0,20 ou à 0,25. Dans les autres cas, l'application des formules générales nécessite des calculs assez longs. Nous nous proposons d'indiquer, dans ce qui va suivre, une méthode qui, si elle ne supprime pas les calculs, offre du moins l'avantage d'être plus concrète et par conséquent plus attrayante.

Décomposons le profil trapézoïdal (fig. 18) en un rectangle OADE $= r$, d'aire $b\mathrm{H}$, et un triangle EDB $= t$, d'aire $\frac{1}{2}n\mathrm{H}^2$. Cherchons la distance X de la verticale du centre de

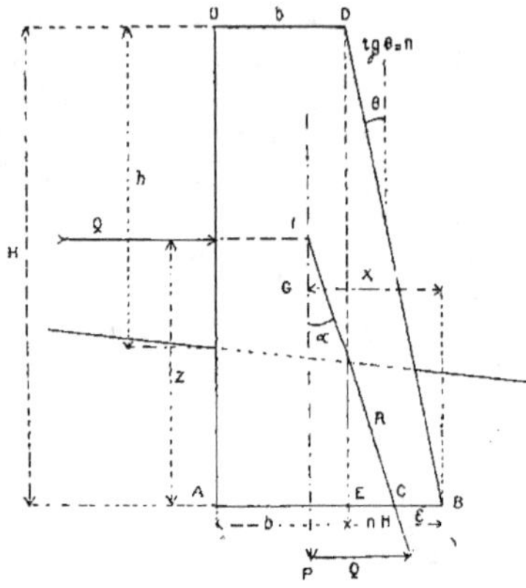

Fig. 18.

gravité G à l'extrémité aval du joint de base. On peut déterminer G graphiquement ou calculer X par la relation

$$X = \frac{t \times x_t + r \times x_r}{\text{aire trapèze}},$$

déduite du théorème des moments dans laquelle x_t et x_r sont les distances des verticales des centres de gravité du triangle et du rectangle à l'extrémité aval du joint de base :

$$x_t = \frac{2}{3}n\mathrm{H}; \qquad x_r = n\mathrm{H} + \frac{b}{2}.$$

On a

$$X = \frac{\frac{1}{2}n\mathrm{H}^2 \times \frac{2}{3}n\mathrm{H} + b\mathrm{H} \times \left(n\mathrm{H} + \frac{b}{2}\right)}{b\mathrm{H} + \frac{1}{2}n\mathrm{H}^2}$$

ou

$$X = \frac{\frac{n^2\mathrm{H}^2}{3} + b\left(n\mathrm{H} + \frac{b}{2}\right)}{b + \frac{1}{2}n\mathrm{H}},$$

Calculons la distance ε du point de passage C de la résultante R sur le joint de base à l'extrémité aval de ce joint :

$$\varepsilon = X - Z \ \text{tg} \ \alpha,$$

Z étant la distance verticale qui sépare la ligne d'action de Q du joint de base et α l'angle de la résultante R avec la verticale

$$Z = H - h + \frac{1}{3} h = H - \frac{2}{3} h.$$

L'angle α peut se déterminer graphiquement par un triangle dynamique (fig. 19)

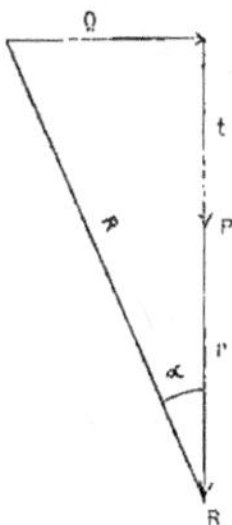

Fig. 19.

où figurera la poussée $Q = \frac{1}{2} h^2 \omega$ (sur 1 mètre de longueur du parement amont) et le poids $P = t$ (triangle) $+ r$ (rectangle) du mur (également sur 1 mètre de longueur) :

$$P = \frac{1}{2} \pi n H^2 + \pi b H.$$

On figurera donc (fig. 20), à une échelle suffisante, la verticale du centre de gravité G et la position aval de la base. On mènera par l'intersection I de la ligne d'action de Q avec la verticale du centre de gravité une direction R parallèle à R du dynamique. On aura ainsi directement le point C et la valeur de ε.

On pourrait également calculer α par la relation

$$\text{tg} \ \alpha = \frac{Q}{P},$$

et en déduire ε par la relation

$$\varepsilon = X - Z \ \text{tg} \ \alpha,$$

Z étant égal à $H - \frac{2}{3} h$.

La quantité ε étant connue, on en déduit la pression p_1 à l'extrémité aval du joint de base sur l'unité de surface horizontale.

Plaçons-nous dans l'hypothèse où l'on admet que le point C peut être extérieur au lieu central, on a

$$p_1 = \frac{2P}{3\varepsilon}.$$

La pression maximum p sur un joint normal au parement aval est, d'après **M. Maurice Lévy**.

$$p = p_1 \left(1 + \operatorname{tg}^2 \theta\right) = p_1 \left(1 + n^2\right).$$

Par suite. la pression p_1 doit rester inférieure ou égale à

$$\frac{p}{1 + \operatorname{tg}^2 \theta} \quad \text{ou} \quad \frac{p}{1 + n^2}.$$

On cherchera donc. par tâtonnements, guidés au moyen d'une courbe d'erreurs. à déterminer la valeur de l'épaisseur b au couronnement de manière à satisfaire à cette condition.

Prenons un exemple : Soit à déterminer l'épaisseur b à donner au couronnement d'un barrage de hauteur totale H $= 8^m$, dépassant le niveau du lit d'une hauteur

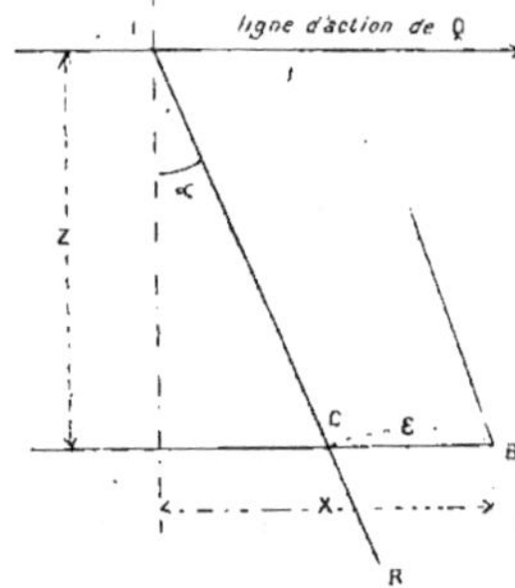

Fig. 20.

$h = 6^m$ de telle sorte qu'il résiste à la poussée des laves. On donne en outre : $\pi = 2^t 3$ au mètre cube, $\omega = 1^t 4$ au mètre cube et $p = 75$ tonnes par mètre carré.

On en déduit :

$$n\text{H} = 0.2 \times 8 = 1^m,6 ,$$

$$Q = \frac{1}{2} h^2 \omega = \frac{1}{2} \overline{6}^2 \times 1.4 = 25^t,2 ,$$

$$t = \frac{1}{2} n\text{H} \times \text{H} \times \pi = \frac{1}{2} 0.2 \times 8^2 \times 2.3 = 14^t,72 ,$$

$$r = b\text{H}\pi = b \times 8 \times 2.3 = 18^t,4 \times b \, (b \text{ évalué en mètres}),$$

$$Z = \text{H} - \frac{2}{3} h = 8 - \frac{2}{3} 6 = 4^m.$$

Et l'on doit avoir

$$p_1 \leqq \frac{p}{1 + n^2},$$

c'est-à-dire :

$$p_1 \leqslant \frac{75^t}{1.04};$$

$$p_1 \leqslant 72^t,1$$

par mètre carré.

On peut commencer les essais par des procédés purement graphiques, par exemple

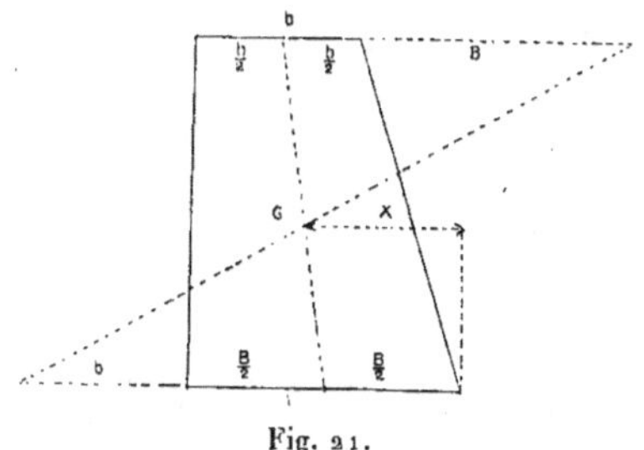

Fig. 21.

en déterminant le centre de gravité à l'aide de la construction géométrique usuelle rappelée ci-dessous (fig. 21).

On reconnaît ainsi que, pour :

$$b_1 = 2^m,$$
$$r_1 = 18^t,4 \times 2 = 36^t,8,$$
$$t_1 = 14^t,72,$$
$$_1 + r_1 = 51^t,52,$$

la résultante passe tout près de l'extrémité aval de la base.

On peut alors entreprendre des essais plus précis comme nous l'indiquons ci-dessous, avec l'aide des constructions graphiques indiquées par les figures 22, 23 sur lesquelles les longueurs sont représentées à l'échelle de $\frac{4}{3}$ de centimètre par mètre et les forces à l'échelle de $\frac{4}{3}$ de millimètre par tonne. Dans la figure 24, les valeurs de b sont à l'échelle de $\frac{1}{15}$ et les valeurs de la pression à l'échelle de $\frac{1}{3}$ centimètre par kilogramme.

1er Essai.

$$b_1 = 2^m,$$

$$X_1 = \frac{\dfrac{\overline{0.2^2 \times 8^2}}{3} + 2\left(0.2 \times 8 + \dfrac{2}{2}\right)}{2 + \dfrac{1}{2}\,0.2 \times 8} = \frac{0.853 + 5.200}{2,80} = 2^m,16,$$

$$\varepsilon_1 = X_1 - Z \lg \alpha = 2.16 - 4\,\frac{25.2}{51.52} = 2^m,16 - 1.96 = 0^m,20,$$

$$p = \frac{2 \times 51.52}{3 \times 0.2} = 171^t,7 \text{ par mètre carré : Excès : } 171^t,7 - 72^t,1 = 99^t,6,$$

soit : $9^t,96$ par centimètre carré.

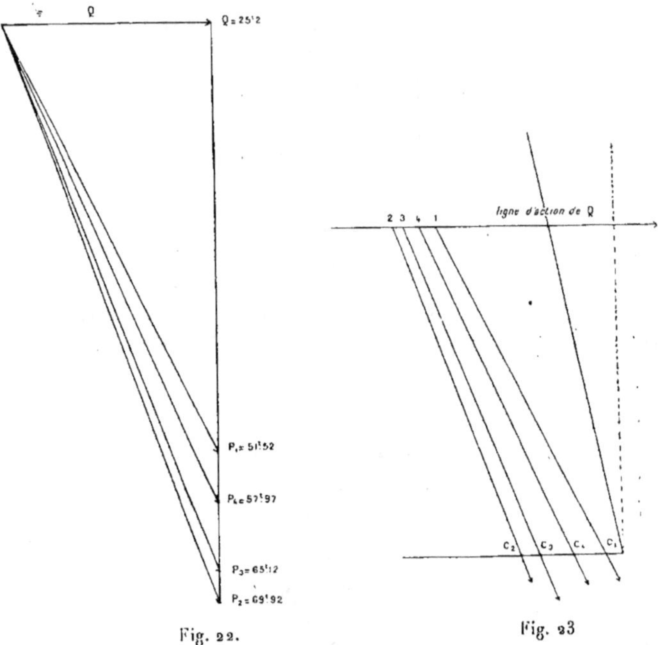

Fig. 22.   Fig. 23

2ᵉ Essai.

$$b_2 = 3^m,$$

$$X_2 = \frac{0.853 + 3\left(1.60 + \frac{3}{2}\right)}{3 + \frac{1}{2} \times 0.2 \times 8} = \frac{0.853 + 9.300}{3.8} = 2^m,672,$$

$$r_2 = 3 \times 18.4 = 55^t,2 \qquad l_2 = l_1 = 14^t,72 \qquad l_2 + r_2 = 69^t,92,$$

$$\varepsilon_2 = 2.672 - 4\,\frac{25.2}{69.92} = 2.672 - 1.442 = 1^m,230,$$

$$p'' = \frac{2 \times 69.92}{3 \times 1.23} = 37^t,92.$$

Différence en moins : $72^t,1 - 37^t,92 = 34^t,18$ par mètre carré, soit : $3^k,42$ par centimètre carré.

Si p_1 variait linéairement en fonction de b, on serait conduit à essayer environ $b = 2^m,74$ (fig. 24).

3ᵉ Essai.

$$b_3 = 2^m,74,$$

$$X_3 = \frac{0.853 + 2.74 \, (1.60 + 137)}{0.80 + 2.74} = \frac{9.00}{3.54} = 2^m,54,$$

$$r_3 = 18^t,4 \times 2,74 = 50^t,4; \qquad t_3 = t_1 = 14^t,72; \qquad r_3 + t_3 = 65^t,12,$$

$$\varepsilon_3 = 2.54 - 4 \, \frac{25.2}{65.12} = 2.54 - 1.55 = 0^m,99,$$

$$p_1''' = \frac{2 \times 65.12}{3 \times 0.99} = 43^t,8.$$

Différence en moins $72^t,1 - 43^t,8 = 28^t,3$, soit : $2^k,83$ par centimètre carré.

La courbe des erreurs dont nous connaissons trois points (fig. 24) est évidemment d'allure hyperbolique. En la traçant à l'estime, on est conduit à prendre pour le 4ᵉ essai : $b = 2^m,35$.

4ᵉ Essai.

$$b_4 = 2^m,35,$$

$$X_4 = \frac{0.853 + 2.35 \, (1.60 + 1.175)}{0.80 + 2,35} = \frac{7.374}{3.15} = 2^m,34,$$

$$r_4 = 2.35 \times 18.4 = 43^t,25; \qquad t_4 = t_1 = 14^t,72; \qquad t_4 - r_4 = 57^t,97,$$

$$\varepsilon_4 = 2.35 - 4 \, \frac{25.2}{57.97} = 2.35 - 1.74 = 0^m,61,$$

$$p_1^{iv} = \frac{2 \times 57.97}{3 \times 0.61} = 63^t,4.$$

Différence en moins : $72^t,1 - 63^t,4 = 8^t,7$, soit : $0^k,87$ par centimètre carré.

Rectifiant la courbe d'après cette dernière indication, on trouve que la valeur convenable serait environ 2 m. 28. Il suffit de le vérifier.

Le calcul direct, de même que l'emploi de la table graphique n° 6, aurait donné 2 m. 275.

La figure 22 représente les dynamiques donnant les valeurs de R pour les quatre essais.

Les positions correspondantes du point d'application C ont été déterminées graphiquement, figure 23, au moyen des distances X calculées. On pourrait également déterminer les distances X. c'est-à-dire la position des poids, soit en cherchant la position

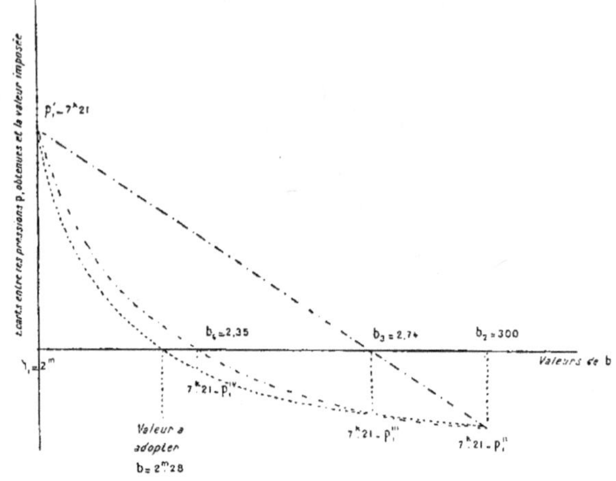

Fig. 24.

du centre de gravité du trapèze, soit en composant les poids t et r dans chaque cas particulier.

Quoi qu'il en soit, il est utile d'opérer à grande échelle si l'on veut obtenir la même précision que par le calcul.

f. QUELQUES REMARQUES FINALES SUR LES BARRAGES.

I. En examinant les conditions de résistance à l'écrasement, nous avons envisagé deux cas :

1° On veut que la résultante des forces qui agissent sur le barrage passe exactement aux deux tiers de la base inférieure;

2° On consent à ce que cette résultante passe dans le tiers extrême de la base inférieure.

Et nous avons vu, dans le deuxième exemple donné ($H = 7^m,50$; $h = 6^m$, $n = 0.20$; $\pi = 2^t,3$; $\omega = 1^t,3$; $p = 80^t$), que l'obligation de faire passer la résultante exactement aux deux tiers de la base conduisait à adopter une épaisseur au couronnement de $3^m,32$, correspondant à une pression maximum de $30^t,26$ par mètre carré, tandis qu'en admettant la deuxième alternative on obtenait une épaisseur au couronnement de $2^m,048$ pour laquelle la pression maximum atteignait exactement la valeur limite imposée de 80 tonnes par mètre carré,

Le fait de consentir au passage de la résultante dans le tiers extérieur de la base entraîne donc une économie de maçonnerie de $(3.32 - 2.048) \times 7.5 = 9^{m3}.54$ par mètre de largeur, sur le volume de

$$\frac{2 \times 3.32 + 7.50 \times 0.2}{2} \times 7.5 = 30^{m3}.525$$

qu'aurait le barrage si l'on voulait que la résultante passe aux deux tiers de la base.

Cette économie, qui atteindrait près du tiers de la dépense, ne serait probablement pas dépassée par les frais supplémentaires occasionnés par l'établissement d'armatures métalliques à la partie inférieure de l'ouvrage du côté du parement amont, ou par la construction dans la même région du barrage d'un massif de béton armé ($3^{m3}.75$), frais que l'on devrait faire si l'on voulait s'opposer à l'ouverture de fissures dans la région de l'ouvrage qui pourrait être soumise à des efforts d'extension.

Il convient donc d'examiner comment on devra, dans la pratique, faire un choix entre les deux alternatives envisagées.

a. Lorsque le joint de base de l'ouvrage reposera sur une roche résistante, on pourra se placer dans le deuxième cas. On prendra alors, comme valeur limite de la pression maximum à l'extrémité aval du joint, la plus petite des charges de sécurité relatives aux maçonneries du barrage, d'une part, et à la roche qui constitue le lit, d'autre part.

b. Si le joint de base ne repose pas sur la roche en place, mais repose sur les alluvions qui encombrent le lit du torrent, il sera prudent de réduire à 40 ou 50 tonnes par mètre carré la pression maximum transmise par l'ouvrage au sol des fondations sur lesquelles il s'appuie. Il sera rare que l'on puisse, dans ces conditions, admettre que la résultante passe dans le tiers extrême de la base. On examinera néanmoins l'hypothèse, mais si l'on est conduit à l'admettre définitivement, il sera prudent de faire reposer l'arête aval de l'ouvrage sur une couche de béton pénétrant sous les maçonneries et faisant saillie, en forme de radier, à l'aval de l'ouvrage.

c. On est assez fréquemment conduit à construire des barrages sur les atterrissements provoqués par d'autres ouvrages situés en aval. Suivant la nature des matériaux transportés par le torrent, la constitution de ces atterrissements variera beaucoup. Mais ils seront, le plus souvent, très humides et incapables de supporter de fortes compressions. L'expérience indiquera, dans chaque cas particulier, la pression maximum à ne pas dépasser. D'une manière générale, cette limite peut être fixée en moyenne à moins de 40 tonnes par mètre carré. Dans ce cas, il sera toujours préférable de se placer dans la première alternative envisagée : résultante passant aux deux tiers de la base. La pression transmise au sol sera nulle à l'extrémité amont de la base et égale au double de la pression moyenne à l'extrémité aval. On calculera cette dernière valeur, et si elle dépasse, ce qui arrivera rarement, la valeur limite imposée, on sera conduit à envisager le cas où la résultante devrait passer dans le tiers médian et à calculer l'ouvrage en conséquence. Nous n'avons pas fait l'étude spéciale de ce cas particulier, qui est tout à fait exceptionnel.

Quoi qu'il en soit, lorsque l'atterrissement ne peut supporter des pressions supérieures à 40 tonnes par mètre carré, on fera bien d'asseoir la base entière de l'ouvrage

sur une couche suffisamment épaisse de béton, laquelle répartira les pressions sur toute
la surface des fondations.

II. L'épaisseur à donner au couronnement ayant été déterminée, dans chaque cas
particulier, on devra s'assurer que la valeur trouvée est suffisante pour permettre au
couronnement de l'ouvrage de résister au choc des matériaux transportés par les eaux
ou les laves. On augmentera, au besoin, l'épaisseur trouvée et on s'efforcera de constituer le couronnement de telle façon qu'il forme en quelque sorte un monolithe (pierre
de taille à gros échantillons, béton armé, armatures métalliques enserrant la pierre de
taille, etc.).

III. Lorsqu'on admet la possibilité de faire passer la résultante dans le tiers extrême
de la base inférieure du barrage, on constate qu'une variation de quelques millimètres
seulement dans l'épaisseur du couronnement entraîne une variation très appréciable de
la pression maximum à l'extrémité aval de la base.

Or le millimètre, voire même le centimètre, ne sont pas des grandeurs dont on puisse
rigoureusement tenir compte lors de la construction des ouvrages. Aussi, d'ordinaire, se
contente-t-on de fixer les dimensions du profil des ouvrages (hauteur, épaisseur au couronnement) au décimètre près.

C'est ainsi que dans l'exemple donné, où l'on a trouvé que l'épaisseur au couronnement devrait être de $2^m,048$ pour que la pression maximum soit égale à 80 tonnes par
mètre carré, on prendra comme valeur définitive de cette épaisseur : $2^m,10$.

On pourra d'ailleurs calculer très facilement la nouvelle pression maximum.

En effet, pour $b = 2^m,10$ et $H = 7^m,50$, on a

$$\frac{b}{H} = \frac{2.10}{7.50} = 0^m,28.$$

La table graphique n° 6 donne pour $\frac{b}{H} = 0.28$ et $\lambda = 0.506$ (car le coefficient λ, ne
dépendant que de $m = \frac{b}{H}$; ω et π, n'a pas changé) :

$$C = \frac{\pi (1 + n^2) H}{p} = 0.256.$$

D'où l'on tire

$$p = \frac{\pi H (1 + n^2)}{0.256} = \frac{2,3 \times 7.5 (1.04)}{0.256} = 70^t,08.$$

Et l'on constate que l'augmentation de $0^m,052$ de l'épaisseur au couronnement a eu
pour effet de réduire de près de 1 kilogramme par centimètre carré, soit de près d'un
huitième de la valeur imposée comme limite, la pression maximum à l'extrémité aval
de la base.

On peut vérifier la valeur nouvelle de la pression maximum en utilisant l'abaque
n° 2.

De la relation $\frac{b}{H} = 0.28$, on tire $H = 3.571\ b$.

Pour $\lambda = 0.506$ et $H = 3.571\, b$, on trouve (abaque n° 2)

$$a = SB = 0.23\, b,$$

et comme $b = 2.10$,

$$a = 0^m,483.$$

Le poids P du barrage est

$$P = \frac{2b + nH}{2} H\pi = \frac{2 \times 2.1 + 0.2 \times 7.5}{2} \times 7.5 \times 2.3 = 49^t,1625.$$

La pression maximum à l'extrémité aval de la base est, sur joint horizontal,

$$p_1 = \frac{2P}{3a} = \frac{2 \times 49.16}{3 \times 0.483} = 67^t,79,$$

et, sur joint normal au parement aval,

$$p = p_1(1 + n^2) = 67.79 \times 1.04 = 70^t,05,$$

valeur très voisine de celle trouvée ci-dessus.

IV. Afin de simplifier l'étude de la courbe des pressions, nous avons admis que la poussée des terres sur la hauteur AK (fig. 14) du parement amont était négligeable, la profondeur des fondations étant toujours faible par rapport à la hauteur totale de l'ouvrage.

On devra, dans tous les cas, chercher à éviter que l'eau ou les laves, pendant la durée de formation de l'atterrissement, ne puissent pénétrer entre l'ouvrage et les fouilles ouvertes suivant AK, faute de quoi la pression hydrostatique s'exercerait non plus seulement sur la hauteur h, mais sur toute la hauteur H du barrage.

Au fur et à mesure que les maçonneries s'élèveront, on devra remblayer soigneusement la portion inférieure de l'ouvrage du côté de l'amont et, par suite, rejeter de ce côté la plus grande partie possible des déblais provenant de la fouille.

Les déblais seront fortement pilonnés, surtout au voisinage de la paroi du barrage, et rendus imperméables s'il y a lieu à l'aide d'un mélange d'argile.

TABLEAU DONNANT LE POIDS AU MÈTRE CUBE ET LA RÉSISTANCE EN KILOGRAMMES PAR CENTIMÈTRE CARRÉ DE DIFFÉRENTS MATÉRIAUX ET MAÇONNERIES.

DÉSIGNATION DES MATÉRIAUX.	POIDS du MÈTRE CUBE en tonnes.	CHARGE de RUPTURE à la compression en kilogrammes par centimètre carré.	CHARGE de SÉCURITÉ ou charge pratique en kilogrammes par centimètre carré.	OBSERVATIONS.
	tonnes.	kilogrammes.	kilogrammes.	
Marbres	2,5 – 2,7	650 – 1050	65 – 105	
Calcaires durs, compacts	2,1 – 2,6	150 – 800	15 – 80	
Calcaires durs, grossiers et coquilliers	1,8 – 2,45	80 – 500	8 – 50	
Calcaires demi-durs	1,65 – 2,0	60 – 160	6 – 16	
Calcaires tendres	1,38 – 1,75	25 – 80	2,5 – 8	
Calcaires crayeux	1,3 – 1,6	18 – 35	1,8 – 3,5	
Meulières	1,2 – 1,55	20 – 80	2 – 8	D'après M. Jules Pillet.
Grès	2,1 – 2,3	280 – 700	28 – 70	
Basalte d'Auvergne	2,95	2000	200	
Laves	2,0 – 2,6	230 – 600	23 – 60	
Porphyres et granits à grains fins	2,6 – 2,9	800 – 1500	80 – 150	
Granits à gros grains	2,5 – 2,8	400 – 1000	40 – 100	
Béton avec mortier de chaux hydraulique	//	//	4 – 5	
Briques avec mortier ordinaire	//	//	6	
Pierres dures avec mortier de chaux hydraulique	//	//	20 – 30	
Maçonnerie à mortier de chaux et moellons, fraîche	2,46	//	//	
Maçonnerie à mortier de chaux et moellons, sèche	2,4	//	//	
Maçonnerie de granit	2,6	//	//	D'après M. Huguenin.
Maçonnerie avec calcaire, fraîche	2,5	//	//	
Maçonnerie avec calcaire, sèche	2,45	//	//	
Maçonnerie avec grès, fraîche	2,2	//	//	
Maçonnerie avec grès, sèche	2,05	//	//	

DONNÉES NUMÉRIQUES

RELATIVES À LA CONSTRUCTION DES BARRAGES ET DES MURS DE SOUTÈNEMENT.

TABLEAU DONNANT POUR DIFFÉRENTES NATURES DE TERRES L'ANGLE DE FROTTEMENT DES TERRES SUR ELLES-MÊMES ET LEUR POIDS AU MÈTRE CUBE.

NATURE DES TERRES.	ANGLE de FROTTEMENT ou angle du talus naturel φ en grades.	POIDS d'un MÈTRE CUBE de terre ω en tonnes.	OBSERVA-TIONS.
	grades.	tonnes.	
Terres limoneuses sèches..........................	36 à 41	1,5	
Terres limoneuses humides.........................	18 à 22	1,9	
Terres argileuses sèches..........................	36 à 45	1,6	
Terres argileuses humides.........................	18 à 22	1,98	D'après M. Hugue-nin.
Terres végétales humides..........................	27 à 33	1,6 — 1,7	
Graviers mouillés.................................	22	1,86	
Cailloutis mouillés...............................	31 à 36	1,6	
Eau...	0	1,0	
Marnes sèches à l'état naturel....................	34	1,6 — 1,7	
Marnes ameublies et damées........................	31	//	
Marnes saturées d'eau sans être en bouillie.......	26	//	
Terres végétales sèches naturelles................	34	1,2 — 1,5	D'après M. Jules Pillet.
Arènes sèches à l'état naturel....................	31	1,3 — 1,5	
Arènes ameublies puis damées......................	29	//	
Arènes naturelles saturées d'eau sans être en bouillie....	28	//	
Arènes ameublies, saturées d'eau et damées........	26	//	

VALEURS DU COEFFICIENT DE GLISSEMENT g.

D'après M. Jules Pillet.			D'après le professeur Thiéry.		
	Si le mortier est frais.....	0,509		Valeur adoptée ordinaire-ment................	0,76
	Pierres compactes lisses et bien taillées...........	0,364		Si le mortier est frais.....	0,57
	Si le mortier a fait prise...	0,700		Si le mortier a parfaitement fait prise............	1,00
	Si le mortier est complète-ment durci...........	1,000			

ANNEXES

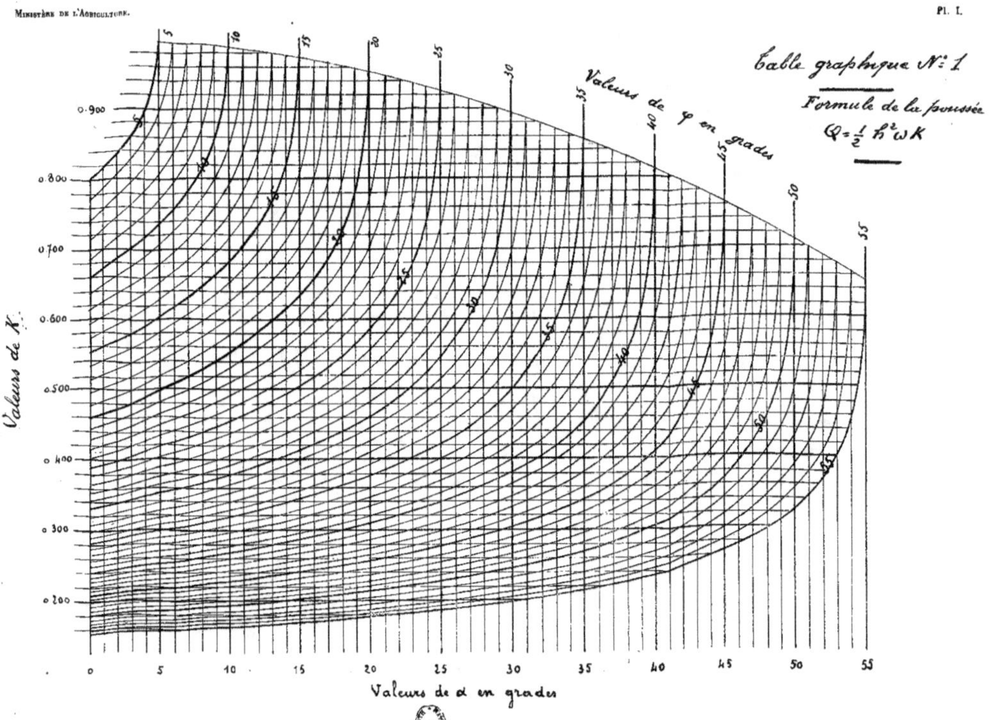
Table graphique N°. 1
Formule de la poussée
$Q = \frac{1}{2} h^2 \omega K$
Valeurs de φ en grades
Valeurs de K
Valeurs de α en grades
0.900
0.800
0.700
0.600
0.500
0.400
0.300
0.200
5
10
15
20
25
30
35
40
45
50
55
0
5
10
15
20
25
30
35
40
45
50
55

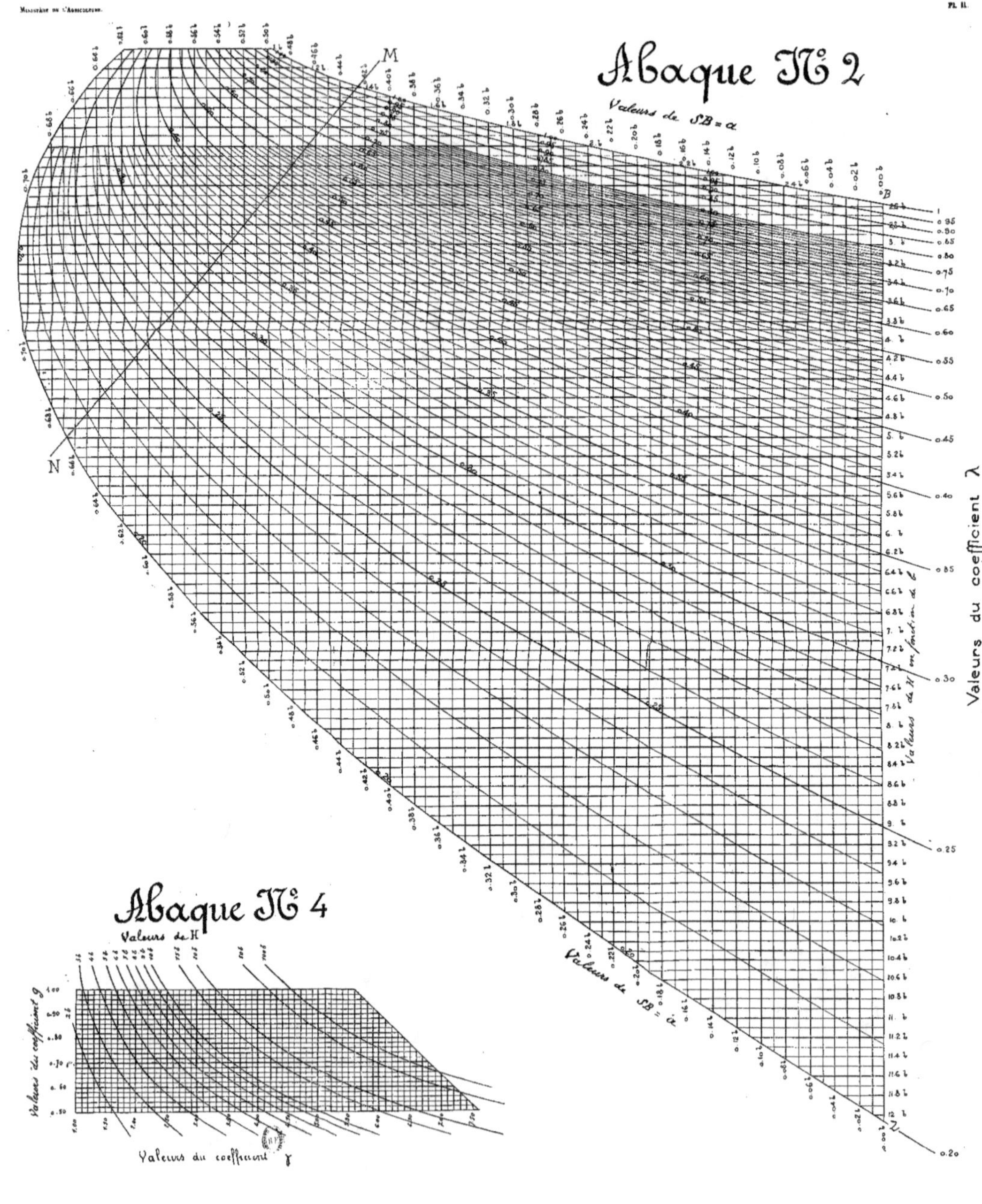

Abaque N.º 2
Valeurs de SB = α
Valeurs du coefficient λ
Valeurs de H en fonction de L
M
N
B
Abaque N.º 4
Valeurs de H
Valeurs du coefficient g
Valeurs du coefficient γ
Valeurs de SB = a

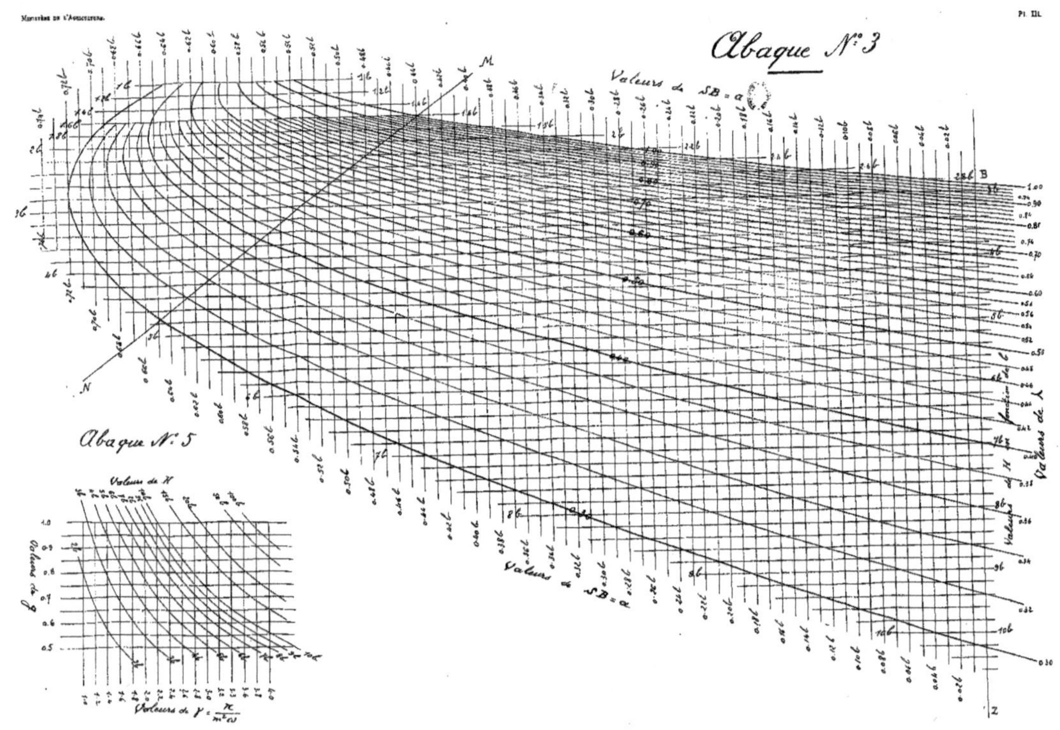
Abaque N.° 3
Abaque N.° 5
Valeurs de SB = a
Valeurs de X
Valeurs de g
Valeurs de y = κ/m²ω
Valeurs de SB = R
M
N
B
Z

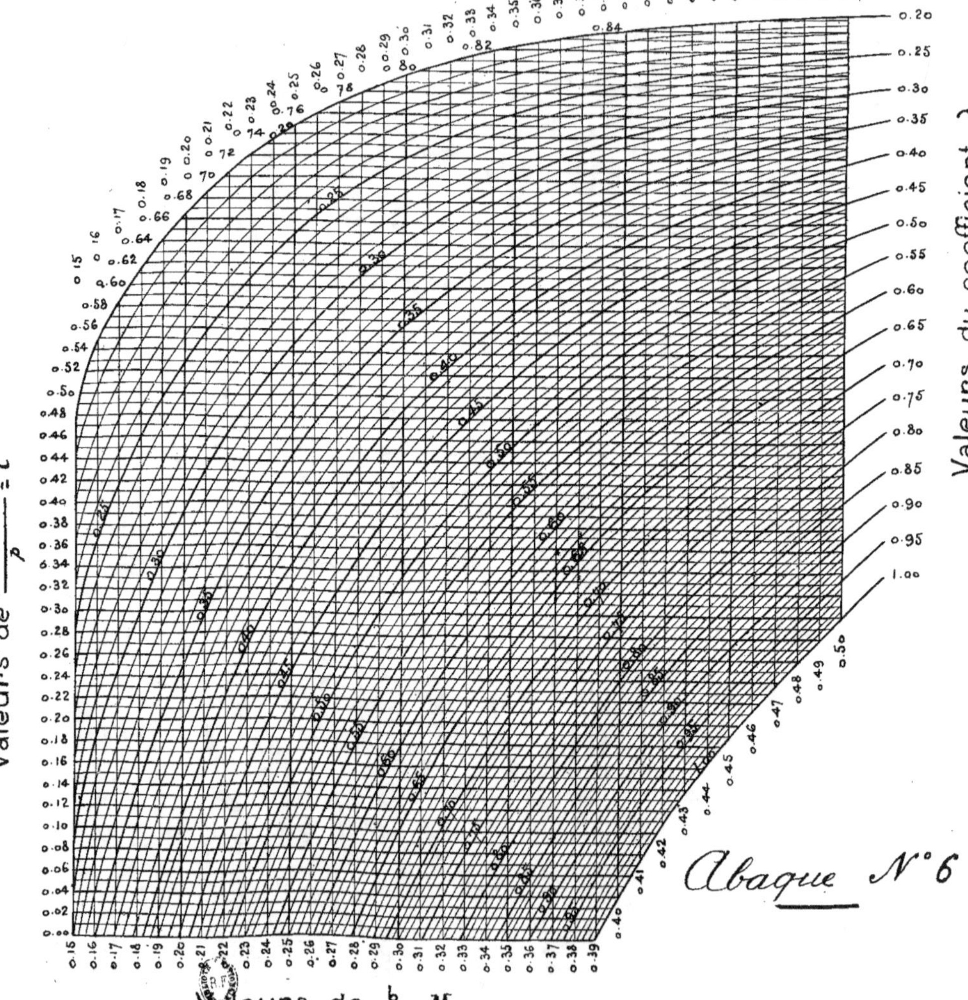
Valeurs du coefficient λ
Valeurs de πH(1+n²)/P = C
Valeurs de b/H · M
Abaque N° 6

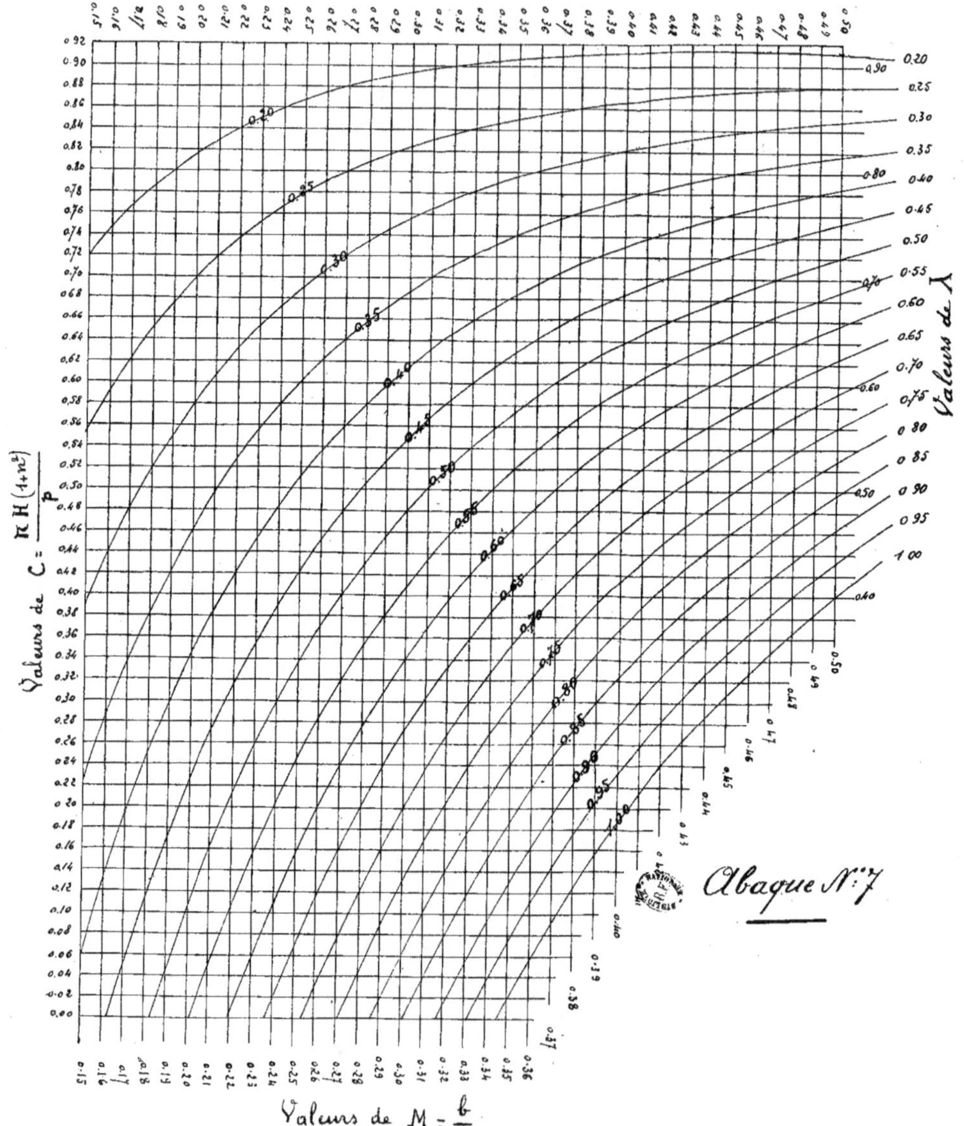
Valeurs de $C = \dfrac{\pi H (1+n^2)}{P}$
Valeurs de λ
Valeurs de M = $\dfrac{b}{H}$
Abaque N° 7

CONDITIONS
DE STABILITÉ DES BARRAGES CURVILIGNES,
MÉTHODE DE CALCUL DE M. RÉSAL,

PAR

M. CRETIN,
INSPECTEUR DES EAUX ET FORÊTS.

Dans un important mémoire qu'on trouvera aux *Annales des Ponts et Chaussées*, partie technique, vol. II de 1919, M. l'Inspecteur général des Ponts et Chaussées Résal a étudié les formes et dimensions à donner aux grands barrages en maçonnerie, et en particulier aux barrages travaillant partiellement en voûte, qui présentent un intérêt particulier lorsqu'il s'agit de barrer une vallée profonde et étroite dont le fond et les flancs sont formés de rochers solides.

Plusieurs modes de calcul avaient été proposés antérieurement pour ce genre de barrages. Dans son ouvrage *Barrages en maçonnerie et murs de réservoir*, paru en 1907, M. H. Bellet a rappelé, en particulier, celui de M. Thiéry, alors professeur à l'École nationale des Eaux et Forêts. M. Bellet a recherché comment la poussée de l'eau pouvait logiquement être supposée répartie entre la base de l'ouvrage et ses appuis latéraux. et quelles règles s'en déduisaient pour le calcul de ces ouvrages; il a donné la descorption des plus importants.

Le mémoire de M. Résal a été signalé ici même, dans la *Note sur le calcul des murs de soutènement et des barrages rectilignes*, de M. Bernard, professeur à l'École nationale des Eaux et Forêts; nous croyons utile d'exposer succinctement la marche à suivre pour appliquer la méthode de M. Résal, avec application numérique à l'essai d'un profil, renvoyant au mémoire précité pour les principes et les détails de la méthode.

Au préalable, il convient d'examiner en gros quel est le mode de fonctionnement d'un « barrage en voûte ».

Si l'on suppose l'ouvrage coupé par des plans horizontaux, on obtient des *éléments de voûte* dont les naissances sont les appuis latéraux du barrage sur le rocher des berges.

Si l'on considère, au contraire, les sections obtenues par des plans verticaux dirigés suivant les rayons, on obtient entre ces plans des *éléments de mur*; on considérera, en particulier, l'élément médian M_0 situé à égale distance des appuis latéraux, donc dans l'axe de la vallée, supposée symétrique.

Si le rocher sur lequel s'appuient la base et les ailes de l'ouvrage est supposé pratiquement fixe, c'est-à-dire si les déformations et déplacements des appuis inférieur et latéraux sont supposés complètement négligeables à côté des déformations de l'ouvrage, les éléments de voûte seront traités comme des *arcs encastrés aux naissances*, et les éléments de mur comme des *poutres encastrées à la base*. On attribuera les mêmes propriétés élastiques, et en particulier le même module d'élasticité E, aux éléments mur et voûte.

Sous l'influence des pressions qui s'exercent sur la surface d'extrados du barrage, celui-ci se déforme. La courbure de la fibre moyenne d'un élément de voûte varie, elle augmente vers les naissances et diminue vers la clef, c'est-à-dire dans la partie médiane; la longueur de cette fibre diminue, l'élément de voûte exerce une pression sur ses appuis, au moins sur une portion de la surface du joint aux naissances.

Les éléments de mur se déforment en même temps; au point de rencontre des fibres moyennes d'un élément de mur et d'un élément de voûte, le déplacement radial de ce point, déplacement qui sera désigné sous le nom de *flèche*, est évidemment le même pour les deux organes. Les éléments de mur ainsi déformés exercent sur leurs bases des efforts qui doivent être des *pressions* sur toute l'étendue du joint de base et, de même, sur toute l'étendue d'un joint transversal quelconque pris dans l'élément de mur considéré. On impose en outre la condition suivante : la pression par unité de surface à l'extrémité amont de chaque joint, et en particulier du joint de base, doit être *au moins égale à la pression de l'eau au même niveau.* Cette condition, relative au danger des sous-pressions, est strictement nécessaire dans le cas des barrages rectilignes non pourvus d'un «masque» étanche sur leur parement amont; elle sera observée également pour les éléments de mur qui forment un barrage en voûte.

A une profondeur y au-dessous de la surface libre d'un liquide de poids spécique ϖ_0 règne une pression $\varpi_0 y$ qui s'exerce sur le parement amont de l'ouvrage. Une part de cette pression agit, en un point donné du parement, sur l'*élément de voûte* situé à ce niveau; elle est équilibrée par les réactions des *appuis latéraux*. L'autre partie de la pression totale $\varpi_0 y$ agit sur l'*élément de mur* et se trouve équilibrée par la *réaction de la base*. On conçoit aisément que le mode de répartition de $\varpi_0 y$ entre les éléments mur et voûte varie avec le point considéré du parement amont. Par exemple, dans la partie inférieure de l'ouvrage, les éléments de voûte, retenus par leur liaison avec le rocher de base, ne peuvent subir que des déformations extrêmement minimes; ces éléments ne reporteront sur leurs appuis latéraux qu'une partie négligeable de la pression totale régnant à leur niveau, de sorte que celle-ci devra être attribuée intégralement aux éléments de mur. Inversement, les éléments de mur situés au voisinage immédiat du rocher des berges, surtout lorsque celui-ci est presque vertical, ne peuvent prendre que des flèches minimes, la réaction de leur base sera faible, et la totalité de la pression $\varpi_0 y$ devra être attribuée aux éléments de voûte.

Ce mode de répartition variable, joint à la complexité des déformations dans le corps du barrage et des efforts moléculaires corrélatifs, rendrait l'étude d'un barrage en voûte absolument inextricable si l'on voulait la pousser dans ses détails.

Pour l'application du mode de calcul envisagé, on considérera l'élément médian de mur M_0. A un niveau donné y on désignera par f la flèche radiale, ou déplacement élastique de la fibre moyenne, par q la partie de la pression $\varpi_0 y$ qui agit sur l'élément de voûte situé au niveau y, par p la différence, positive ou négative, $\varpi_0 y - q$, c'est-à-dire la part de pression qui incombe à l'élément de mur. Cette part p sera considérée comme positive quand elle agira, comme $\varpi_0 y$, dans le sens de l'eau vers le mur. Elle peut se trouver, dans certains cas, négative : vers le couronnement du barrage, les éléments de voûte, entraînés par la déformation générale de l'ouvrage, peuvent prendre des flèches *positives* (c'est-à-dire des déplacements radiaux dirigés vers le centre de courbure) d'une certaine importance, tandis que la pression $\varpi_0 y$ devient très faible ou nulle; ces éléments, qui à tous les niveaux soutiennent le mur, tendent à le redresser et agissent sur lui en sens inverse de la poussée de l'eau, exercent alors dans la partie supérieure une action plus grande que celle du liquide, en sorte que la pression résultante p attribuée au mur y peut s'y trouver négative.

Relations entre la flèche f, la part q de la pression de l'eau attribuée à la voûte, et la pression maximum S, dans le joint aux naissances. — Si l'élément de voûte situé au niveau y était isolé, sans liaison avec les éléments situés au-dessus et au-dessous de lui, la flèche f à la clef de voûte serait uniquement fonction des pressions qui s'exercent sur toute l'étendue de sa surface d'intrados, mais surtout de la valeur atteinte par cette pression au voisinage de la clef, donc de q. D'autre part, les pressions dans le joint aux naissances, c'est-à-dire au contact du rocher des berges, dépendent des déformations subies par l'élément de voûte considéré, donc de sa flèche f, et, par suite, de la pression q.

Considérant dans un anneau de voûte circulaire la seule portion utile de la maçonnerie, c'est-à-dire celle où les joints verticaux dirigés suivant les rayons subissent

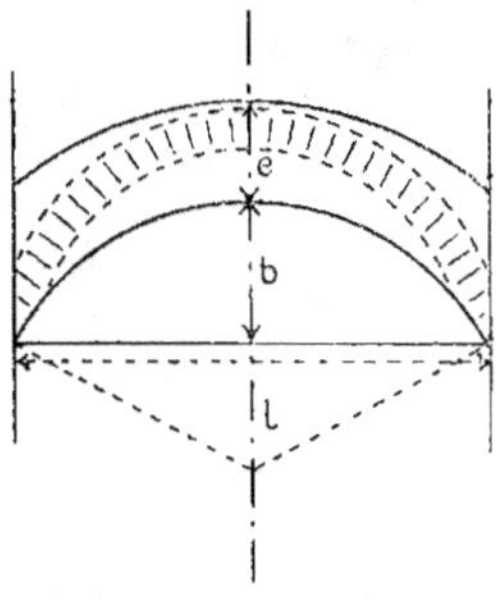

Fig. 1.

des efforts de *compression*, et assimilant cette portion utile à un *arc parabolique d'épaisseur uniforme*[1], *encastré aux naissances*, M. Résal donne les relations suivantes, applicables toutes les fois que le rapport $\dfrac{b}{e}$ de la flèche b de la fibre moyenne[2] à l'épaisseur e de l'élément de voûte considéré ne dépasse pas la valeur 3,75, c'est-à-dire dans les cas ordinaires de la pratique. La corde, c'est-à-dire l'écartement des joints aux naissances (fig. 1), est désignée par l; S est la pression maximum aux naissances.

$$Ef = 0{,}209\,\frac{q l^4}{(b+e)^3}, \qquad \text{et} \qquad S = 1{,}41\,\frac{q l^2}{(b+e)^2}.$$

Barrage de hauteur et d'épaisseur uniformes établi dans une gorge de profil en travers rectangulaire. — Dans ce cas, M. Résal donne les valeurs de p et de q à un niveau quelconque, ainsi que la valeur des moments fléchissants, dus aux pressions p, qui

---

[1] L'épaisseur de cet arc croît, en réalité, de la clef aux naissances, alors qu'on introduit dans le calcul la valeur minima de cette épaisseur. La marge de sécurité réelle est ainsi, comme le fait remarquer M. Résal, supérieure à la marge de sécurité calculée.

[2] C'est la flèche de la fibre moyenne qui intervient dans les formules initiales relatives à l'arc parabolique encastré. Bien que sur la figure 1, qui reproduit celle du mémoire, la lettre b' corresponde à la flèche d'intrados, c'est plutôt celle de la fibre moyenne qui paraît devoir figurer dans les expressions ci-dessus de Ef et de S.

Il convient de remarquer en outre que ces formules initiales s'appliquent, sous leur forme simple, à des arcs assez surbaissés et minces, c'est-à-dire tels que les rapports $\dfrac{b}{l}$ et $\dfrac{e}{l}$ ne soient pas trops grands; sinon on peut avoir des écarts appréciables.

sollicitent l'élément médian M_0 du mur, aux diverses profondeurs. M. Résal examine en particulier le cas d'un mur rectiligne en plan, ce qui n'empêche pas la formation, dans sa masse, d'arcs paraboliques en compression; le calcul montre que si la longueur l atteint deux fois et demie la hauteur h du mur rectiligne, ces arcs ne jouent plus qu'un rôle insignifiant, toute la poussée de l'eau agit sur la base seule; au contraire, si l ne dépasse pas $\frac{h}{3}$, ce sont les arcs qui supportent presque toute la pression.

Si le barrage, au lieu d'être rectiligne, est tracé en arc de cercle, le rôle des éléments de voûte devient plus important, puisque, dans l'expression de q, l'épaisseur e du barrage rectiligne est remplacée par $b + e$.

Barrage quelconque. — *Essai d'un profil.* — L'intégration directe, employée par M. Résal dans le cas précédent, n'est généralement plus possible; il sera le plus

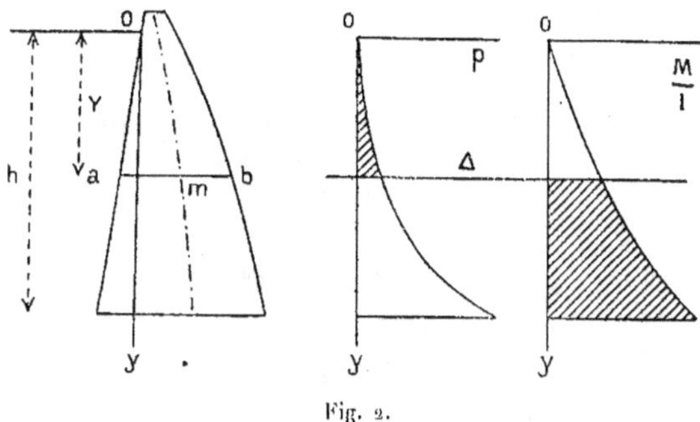

Fig. 2.

souvent nécessaire de procéder par tâtonnements pour obtenir la valeur de p aux divers niveaux et un profil satisfaisant du barrage. La marche à suivre pour l'essai d'un profil est la suivante :

1° Adopter provisoirement une *hypothèse sur les valeurs de* p, question sur laquelle on reviendra plus loin ;

2° Calculer le *moment fléchissant* auquel est soumis l'élément médian de mur par le fait des pressions p, en fonction de la profondeur. Si l'on considère les sections horizontales du mur, telles que amb, le moment fléchissant au niveau Y a pour expression

$$M = \int_0^Y (Y - y)\, p\, dy.$$

Si l'on procède graphiquement, en traçant la courbe $p(y)$ (fig. 2), il suffira d'évaluer le moment, par rapport à la droite Δ, d'ordonnée Y, de la portion d'aire de la courbe p située au-dessus.

3° *Calcul de la flèche* f. — Si l'on attribue à l'élément de mur M_0 une épaisseur moyenne égale à l'unité, normalement à son profil représenté fig. 2, et si l'on conserve pour expression du moment d'inertie de la section amb, la valeur $I = \frac{1}{12} \times 1 \times e^3$, où e désigne la longueur ab du joint considéré, comme si l'épaisseur comptée normalement au profil était uniforme, on pourra calculer la flèche f ou plutôt le produit de f par le module d'élasticité E :

$$Ef = \int_Y^h (y - Y) \frac{M}{1} \cdot dy.$$

Graphiquement. Ef sera égal au moment, par rapport à la droite Δ, de l'aire de la courbe des $\frac{M}{1}$ située au-dessous de Δ (fig. 2).

4° *Calcul de q et vérification de la somme* $p + q$. — Connaissant Ef, il suffit de multiplier les valeurs de cette expression, à différents niveaux, par le rapport $\frac{(b + e)^3}{0,309 h}$ pour obtenir les valeurs correspondantes de q. Si les totaux $p + q$ s'écartent avec excès de la pression réelle $\varpi_0 y$, on sera conduit à modifier l'hypothèse initiale faite sur p, et ensuite, s'il le faut, le profil attribué à l'élément de mur. Si finalement, dit M. Résal, il se trouve que la somme $p + q$ est, à tous les niveaux, supérieure, mais sans exagération, à la pression hydrostatique, on pourra se déclarer satisfait et adopter le profil déterminé en dernier lieu, cela si toutefois les conditions relatives aux pressions dans la maçonnerie sont réalisées.

5° *Calcul des pressions aux naissances et dans les joints transversaux du mur.* — Il reste donc à vérifier que les pressions maxima, tant aux naissances des éléments de voûte qu'à la base de l'ouvrage, ne dépassent pas les limites admises, et que, lorsque le barrage est en charge, la pression dans les joints du mur, à l'amont, est au moins égale à la pression de l'eau au même niveau.

Remarque. — Dans la première partie du mémoire précité, M. Résal fait observer que les règles correctes de la Résistance des matériaux conduisent à considérer non pas les sections horizontales d'un mur, mais bien des sections, telles que $a'm'b'$ (fig. 3), normales à la fibre moyenne; il indique en quoi les résultats du mode de calcul usuel diffèrent de ceux du mode rationnel.

Dans ce qui précède, on a supposé la fibre moyenne de l'élément de mur M_0 assez peu inclinée sur la verticale pour que la considération des sections horizontales n'introduise pas d'erreurs notables dans le calcul des moments et des flèches; rien n'empêcherait d'employer le mode de calcul rationnel, à condition d'introduire une hypothèse sur la déformation de la portion de mur comprise entre la section transversale A'M'B' et la base, supposée horizontale, AMB; la déformation de la

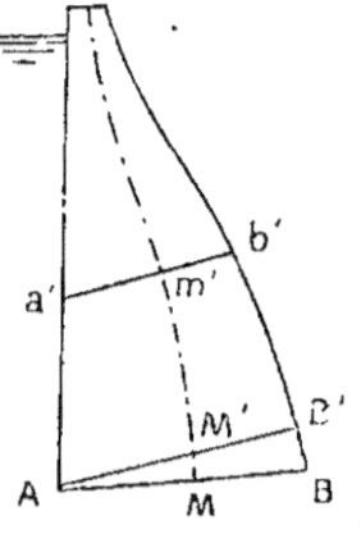

Fig. 3.

partie MM' de fibre moyenne donne, en effet, un terme qui peut n'être pas négligeable dans les valeurs de Ef aux divers niveaux.

Hypothèses sur p(y). — Lorsqu'on ne peut nullement apprécier *a priori* l'importance relative des rôles de la voûte et du mur, M. Résal indique pour la recherche d'un profil le procédé ci-après, qui conduira toujours à un résultat satisfaisant.

Le point de départ des essais sera le profil triangulaire, à parement amont sensiblement vertical, adopté pour les murs rectilignes de longueur telle que l'effet des appuis latéraux soit négligeable. Soit ϖ le poids spécifique de la maçonnerie, ϖ_0 celui du liquide; à la profondeur y la condition relative à la pression, en charge, à l'amont d'un joint horizontal fixe le minimum de la longueur e à attribuer à ce joint, en supposant que la poussée du liquide agisse entièrement sur le mur. On a

$$e = y \sqrt{\frac{\varpi_0}{\varpi - \varpi_0}}.$$

Dans cette même hypothèse, on aurait, au niveau y :

$$M = \frac{1}{6}\,\varpi_0 y^3; \qquad Ef = \frac{\varpi_0}{\left(\dfrac{\varpi_0}{\varpi - \varpi_0}\right)^{\frac{2}{3}}} \cdot (h - y)^2 \qquad \text{et} \qquad q = \frac{(b + e)^3}{0,209\,h} \cdot Ef.$$

Si le rapport $\dfrac{q}{\varpi_0 y}$ n'atteint des valeurs appréciables que vers le sommet de l'ouvrage, c'est que le rôle du mur est nettement prépondérant; on conservera alors le profil classique du barrage rectiligne indéfini, quitte à modifier l'épaisseur dans les parties où $p + q$ serait de beaucoup supérieur à $\varpi_0 y$.

Si, pour la majeure partie de l'ouvrage, q est du même ordre de grandeur que $\varpi_0 y$, il conviendra d'adopter une nouvelle hypothèse pour p, en utilisant les valeurs de q données par le calcul précédent :

$$p = \varpi_0 y \times \frac{\varpi_0 y}{\varpi_0 y + q}.$$

On déterminera alors les nouvelles valeurs du moment fléchissant M. Pour observer la condition relative à la pression à l'amont des joints du mur, et limiter en même temps à une valeur maximum S la pression aux naissances des éléments de voûte, on adoptera comme nouvelle valeur de e, au niveau y, la plus forte des épaisseurs résultant des deux inégalités

$$e \geqslant \sqrt{\frac{6\,M}{(\varpi - \varpi_0)y}} \qquad \text{et} \qquad b + e \leqslant l \sqrt{\frac{1,41\,(\varpi_0 y - p)}{S}}.$$

Le nouveau profil sera essayé comme il a été indiqué, et l'on se servira des résultats du calcul pour rectifier l'hypothèse faite sur p, avant de passer à un nouvel essai jusqu'à obtenir un résultat satisfaisant.

Dans les exemples d'application qu'il a donnés, M. Résal utilise une forme très simple de $p(y)$ qui, par le choix approprié d'un seul paramètre, peut parfois conduire rapidement à un bon résultat : c'est

$$p = \varpi_0 y \left(\frac{y}{h}\right)^n.$$

n étant un exposant positif, entier ou fractionnaire. La figure 4 montre que le choix de n permet d'attribuer à q une valeur d'autant plus importante, par rapport à p, que n est plus élevé, ceci sauf vers la base, où q s'annule pour $y = h$, comme cela doit être. L'hypothèse concernant l'encastrement du mur dans sa section de base exigerait que, pour $y = h$, $\frac{df}{dy}$ et par suite $\frac{dq}{dy}$ soient nulles, ce qui n'est pas réalisé; mais pour

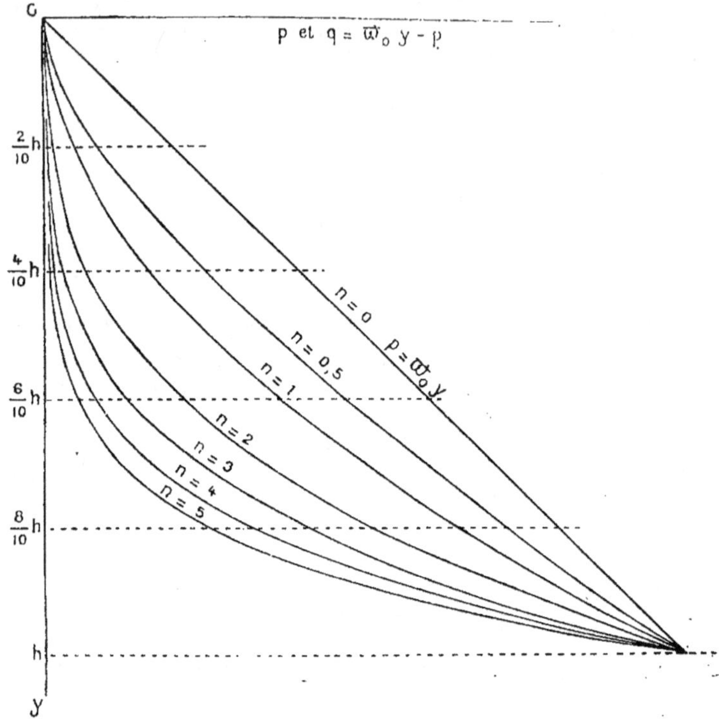

Fig. 4.

remplir cette condition il faudrait abandonner la forme simple indiquée, et cela sans avantage pratique, puisque vers la base le rôle de la voûte est sans importance.

Si p est représenté par la fonction $\varpi_0 y \left(\frac{y}{h} \right)^n$, la poussée Q due à p sur une paroi verticale s'étendant depuis la surface libre jusqu'à la profondeur y a pour valeur

$$Q = \frac{1}{n+2}\, \varpi_0 h^2 \left(\frac{y}{h} \right)^{n+2};$$

la résultante est appliquée à la profondeur $\frac{n+2}{n+3}\, y$, et le moment fléchissant, pour la section située au niveau y, a pour valeur

$$M = \frac{1}{(n+2)(n+3)}\, \varpi_0 h^3 \left(\frac{y}{h} \right)^{n+3}.$$

6.

Exemples d'application. — M. Résal étudie, à l'aide de sa méthode, les conditions de stabilité du célèbre barrage de la Shoshone, dont on trouvera la description détaillée, par M. H. Bellet, dans la *Houille blanche* de novembre 1910.

Cet ouvrage, qui crée un réservoir de 563 millions de mètres cubes, mesure 100 m. 10 de hauteur, depuis le couronnement jusqu'au point le plus bas des fondations. Il barre une gorge de 60 mètres environ de largeur au niveau du couronnement, et de 18 m. 50 de largeur à la base. Sur les trois quarts de la hauteur, à partir du couronnement, les fruits sont uniformes et égaux à 15 p. o/o pour le parement amont. 25 p. o/o pour le parement aval. L'épaisseur est de 3 m. 05 au couronnement et environ 33 mètres à la base; le rayon de courbure de l'arc moyen du couronnement est un peu supérieur à 50 mètres. Enfin le poids spécifique de la maçonnerie est évalué à 2,400 kilogrammes par mètre cube.

En prenant comme largeur de la gorge au niveau y la valeur $l = 60\,\text{m.} - 0,4y$, comme épaisseur radiale du mur $e = 3 + 0,3y$, et comme rayon de courbure de la fibre moyenne d'un élément de voûte $\rho = 50 - 0,05y$, M. Résal trouve que l'hypoténuse $p = \varpi_0 y \cdot \left(\dfrac{y}{h}\right)^5$ donne un total $p + q$ presque partout bien supérieur à $\varpi_0 y$. La pression maximum S aux naissances des éléments de voûte est excessive dans la partie supérieure, il convient donc d'augmenter l'épaisseur e vers le haut; par contre, on peut sans inconvénient la réduire vers la base. M. Résal donne un profil pour lequel l'épaisseur e, voisine de $27\sqrt{\dfrac{y}{h}}$, est supérieure à celle du barrage américain jusqu'à $y = 60$ mètres environ, mais n'atteint que 27 mètres au lieu de 33 mètres à la base.

Pour le calcul de p, on peut prendre $n = 7$, le total $p + q$ dépasse partout $\varpi_0 y$; la pression S passe par un maximum, voisin de 21 kilogrammes par centimètre carré vers la profondeur de 30 mètres, puis s'abaisse jusqu'à 7 kgr. 60 vers la base.

Pour bien faire ressortir l'influence du rapport $\dfrac{l}{h}$ sur les conditions d'établissement d'un barrage en voûte, M. Résal étudie ensuite le profil à adopter pour un ouvrage de 100 mètres de hauteur, mais établi dans une gorge plus large et tracé avec un rayon de courbure plus grand que celui du barrage américain.

Soit d'abord $l = 120\,\text{m.} - 0,8y$; $\rho = 101,50 + 0,10y - \dfrac{c}{2}$.

Le profil convenable mesure 54 mètres d'épaisseur à la base, au lieu de 85 mètres qu'il eût fallu donner à un mur rectiligne indéfini de même hauteur et de profil triangulaire à parement amont sensiblement vertical. L'exposant n qui convient à ce cas est $\dfrac{2}{3}$ et les flèches sont calculées à l'aide de l'expression suffisamment approchée : $e = 54\sqrt{\dfrac{y}{h}}$.

Enfin, en triplant les largeurs réelles de la gorge, ainsi que le rayon de courbure du barrage américain, M. Résal conclut au choix d'un profil dont le parement amont reste le même que celui de l'ouvrage existant, tandis que le parement aval est parabolique, avec une épaisseur de 68 mètres à la base.

L'avantage sur le profil triangulaire classique reste marqué, puisque le volume de la maçonnerie se trouve réduit de 12 p. 100 environ. Avec un tracé rectiligne en plan, au lieu du rayon de courbure indiqué ci-dessus, les arcs ne reporteraient sur les appuis des berges qu'une part minime de la poussée, et il faudrait conserver le profil triangulaire avec l'épaisseur à la base nécessaire pour un mur rectiligne indéfini.

M. Résal examine ensuite la forme et les dimensions qu'il conviendrait d'adopter dans le cas où le ravin à barrer, conservant le profil en travers primitif jusqu'à 50 mètres du fond, s'élargirait brusquement à ce niveau, au point de nécessiter une longueur de plusieurs centaines de mètres pour la moitié supérieure du barrage. On se reportera pour cette étude au mémoire indiqué, dont la lecture complète est d'ailleurs indispensable pour connaître les principes de la méthode proposée.

Choix du paramètre n pour l'essai d'un profil. — *Essai numérique.* — Pour l'essai d'un profil de mur donné, dans une gorge déterminée, il importe tout d'abord de fixer l'hypothèse initiale à faire sur p. Si l'on adopte la forme $p = \varpi_0 y \left(\dfrac{y}{h} \right)^n$, il faut donc choisir une première valeur de n. (Si l'on voulait pouvoir introduire des valeurs négatives de p vers le couronnement, on pourrait essayer une expression à deux paramètres : $p = \varpi_0 \left[(h + \varepsilon) \left(\dfrac{y}{h} \right)^{n+1} - \varepsilon \right]$ qui se ramène à la précédente pour $\varepsilon = 0$ et ne complique pas beaucoup les calculs ultérieurs.)

Le choix de n est limité par la condition que le moment fléchissant M, dû à la pression p, c'est-à-dire

$$M = \frac{1}{(n+2)(n+3)}\, \varpi_0 h^3 \left(\frac{y}{h} \right)^{n+3},$$

ne doit pas abaisser la compression, en charge, à l'amont des joints transversaux du mur, au-dessous de la pression hydrostatique au même niveau.

Lorsque le profil envisagé présente une forme simple, on trouve aisément l'expression de cette valeur limite. Soit, par exemple, en premier lieu, un profil triangulaire, avec épaisseur horizontale $e = my$, fruit amont m_0, fruit aval m_1 (fig. 5); en second lieu, un profil demi-parabolique, à parement amont vertical, et épaisseur $e = m\sqrt{y}$; enfin un profil parabolique symétrique, avec également $e = m\sqrt{y}$. Si nous ne faisons pas intervenir les composantes verticales de la pression de l'eau sur les parements amont inclinés (actions dont la résultante serait égale au poids du volume d'eau qui surmonte le parement, tel que SAC dans la figure 5),

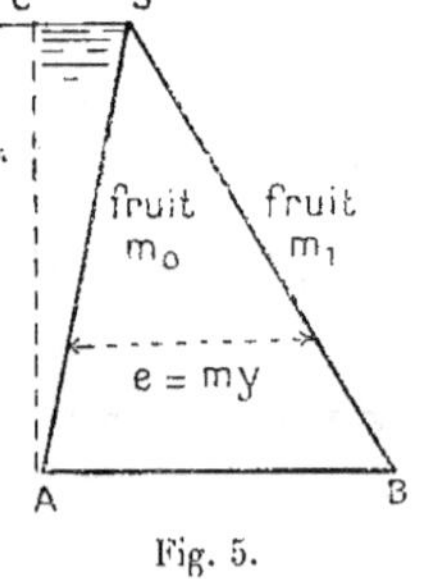

Fig. 5.

nous trouvons comme moment M maximum admissible, au niveau y :

Profil triangulaire : $M = \dfrac{1}{6} y^3 \left[m(m - m_0)\varpi - m^2 \varpi_0 \right]$;

Profil demi-parabolique : $M = \dfrac{1}{6} m^2 y^2 \left(\dfrac{7}{6} \varpi - \varpi_0 \right)$;

Profil parabolique symétrique : $M = \frac{1}{6} m^2 y^2 \left(\frac{2}{3} \varpi - \varpi_0 \right)$.

(Pour ce dernier, le poids de l'eau est évidemment important.)

À la valeur la plus élevée admissible pour M correspond la plus faible valeur de l'exposant n, en même temps que les flèches, les pressions q et les totaux $p + q$ les plus élevés compatibles avec les hypothèses et conditions admises.

Dans le cas des profils simples ci-dessus, on obtient directement l'expression du produit Ef aux divers niveaux. Pour le profil triangulaire, on a

$$Ef = \frac{12\,\varpi_0 h^2}{m^3(n+1)(n+2)(n+3)} \cdot \left[\frac{n+1}{n+2} - \frac{y}{h} + \frac{1}{n+2}\left(\frac{y}{h}\right)^{n+2} \right].$$

Pour les profils demi-parabolique ou parabolique symétrique,

$$Ef = \frac{12\,\varpi_0 h^{3,5}}{m^3(n+2)(n+2,5)(n+3)} \left[\frac{n+2,5}{n+3,5} - \frac{y}{h} + \frac{1}{n+3,5}\left(\frac{y}{h}\right)^{n+3,5} \right].$$

Pour un profil quelconque, on procédera graphiquement comme il a été indiqué. Il sera parfois possible, lorsqu'il s'agira d'un profil obtenu par de petites modifications

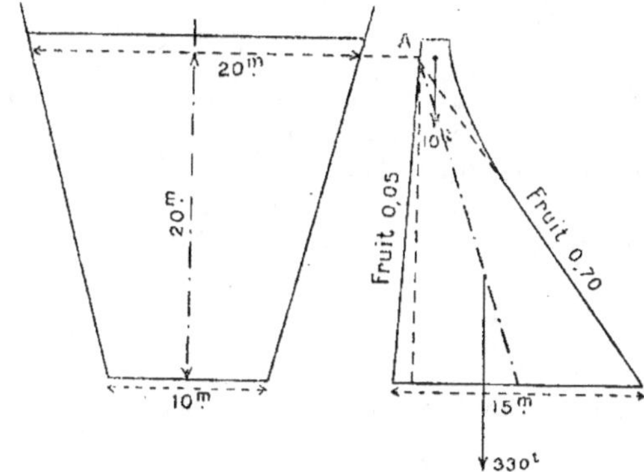

Fig. 6.

à partir d'un type simple, de conserver les termes principaux donnés par le calcul direct, et de déterminer graphiquement les termes correctifs seuls, en considérant les aires comprises entre les courbes des $p(y)$ et $\frac{M}{I}$ exacts et celles des p et $\frac{M}{I}$ correspondant au cas simple qui a servi de point de départ.

Soit à faire l'essai d'un profil triangulaire surmonté d'un couronnement, destiné à barrer une gorge de 20 mètres de largeur au niveau de la retenue, 10 mètres au fond (voir fig. 6). La hauteur comptée de la base, supposée horizontale, au niveau de la retenue est de 20 mètres, l'épaisseur de base 15 mètres, et le rayon de courbure au sommet A du triangle est de 20 mètres également. Le poids spécifique de la maçonnerie est supposé égal à 2,200 kilogrammes par mètre cube, ce qui eût exigé pour un barrage rectiligne indéfini une épaisseur de 18 m. 40 environ à la base.

(Ces faibles dimensions ont été prises uniquement pour donner un exemple numérique simple.)

Si l'on tient compte du couronnement ajouté au triangle de sommet A, c'est un poids de 10 tonnes environ, dont la ligne d'action passe à près de 1 m. 10 de A, et dont le moment, de sens opposé à celui dû aux pressions p, doit s'ajouter au moment du poids de la partie triangulaire. La limite admissible M se trouve légèrement augmentée, et s'élève à

$$330 \text{ t.} \times \frac{6 \text{ m.} 50}{3} + 10 \times 5{,}40 + (330 + 10) \times \frac{15}{6} - 20 \times \frac{\overline{15}^2}{6} = 869 \text{ tm.}$$

(En ajoutant au poids du mur le poids du volume d'eau qui surmonte le parement amont, soit 10 tonnes, à 0 m. 67 à l'amont du sommet A, on aurait obtenu 966 tm.)

D'autre part, le moment fléchissant à la base d'un mur soumis à une pression p définie par le paramètre n est égal à

$$M = \frac{1}{(n+2)(n+3)} \varpi_0 h^3, \text{ soit ici : } \frac{8000}{(n+2)(n+3)}.$$

On en déduit que, dans ce cas, le produit $(n+2)(n+3)$ ne doit pas être inférieur à $\frac{8000}{869} = 9{,}2$.

En adoptant, pour le premier essai, $n = 0{,}6$, ce qui donne $(n+2)(n+3) = 9{,}36$, on aura M = 855 tm., légèrement inférieur à la limite trouvée ci-dessus.

Pour calculer la flèche correspondante à divers niveaux, par exemple aux profondeurs 0, $0{,}2\,h$, $0{,}4\,h$, $0{,}6\,h$, $0{,}8\,h$, on pourra sans erreur appréciable confondre le profil réel avec le profil triangulaire de sommet A, l'adjonction du couronnement ne modifiant l'épaisseur que dans le haut du mur (par exemple, pour $y = 4$ mètres, on a $e = 3$ m. 20 au lieu de 3 mètres). On aura ainsi

$$E f = \frac{12.400}{0{,}75^3 \times 1{,}6 \times 2{,}6 \times 3{,}6} \left[\frac{1{,}6}{2{,}6} - \frac{y}{h} + \frac{1}{2{,}6} \left(\frac{y}{h} \right)^{2{,}6} \right].$$

En prenant comme unités la tonne-poids et le mètre, on trouve :

pour $y =$	0^m	4^m	8^m	12^m	16^m
$E f =$	468	320	190	93,5	22,8

Pour passer de là aux valeurs de q, $p + q$ et S, il faut calculer les rapports $\frac{(b+e)^3}{0{,}209\,l^4}$ et $1{,}41 \cdot \frac{l^2}{(b+e)^2}$. On aura, dans le cas envisagé :

$y =$	0	4^m	8^m	12^m	16^m
$(b+e)^3 =$	94,2	187,1	599,1	1461	2960
$0{,}209\,l^4 =$	33430	21950	13700	8030	4340
$\dfrac{(b+e)^3}{0{,}209\,l^4} =$	0,00282	0,00853	0,0437	0,182	0,675
$\left(\dfrac{l}{b+e} \right)^2 =$	19,31	9,92	3,60	1,52	0,70
$1{,}41 \left(\dfrac{l}{l+e} \right)^2 =$	27,3	14	5,06	2,15	0,985

Les résultats du calcul (fait à la règle) figurent dans le tableau ci-après :

$y =$	0	4^m	8^m	12^m	16^m	
$q =$	1,32	2,73	8,30	17	15,4	
$p =$	0	1,53	4,62	8,82	14,10	tonnes/m².
$p+q =$	1,32	4,26	12,92	25,82	29,50	
$S =$	36	38,2	41,8	36,6	15,2	
$S =$	3,60	3,82	4,18	3,66	1,52	kgr./cm².

Pour compléter l'essai, il reste à déterminer la pression dans la maçonnerie à l'extrémité aval de la base, en charge, pression qu'on sait *a priori* devoir être très minime vu la faible hauteur de l'ouvrage.

Dans le joint horizontal de base, la pression serait de

$$\frac{340}{15} + \frac{6 \times (855 - 769)}{\overline{15}^2} = 24,8 \text{ tonnes/m}^2,$$

soit 2 kgr. 48 par centimètre carré.

Dans une section normale au parement aval, on aurait $2,48 \times \left(1 + \overline{0,7}^2\right) = 3,7$ kgr./cm².

Enfin, avec le profil envisagé, la pression reste nettement positive, à vide, à l'extrémité amont du joint de base.

Si l'on examine l'ensemble des résultats, on remarque immédiatement que, sauf vers la profondeur de 4 mètres, le total $p + q$ dépasse de beaucoup la pression réelle $\varpi_0 y$; l'hypothèse faite sur p donne donc des valeurs exagérées, et l'on sera conduit à essayer un profil plus mince dans l'ensemble, de forme différente, avec une autre valeur du paramètre n.

Par exemple un calcul rapidement exécuté à la règle montre que, avec un profil demi-parabolique, à parement amont vertical, la méthode indiquée donne des écarts $p + q - \varpi_0 y$ sensiblement plus faibles que dans le cas précédent.

Prenons, en effet, $e = 2\sqrt{y}$, ce qui donne :

pour $y = 4$	8	12	16	20^m
$e = 4$	5,66	6,93	8	8,95

Le mur peut supporter, au niveau de la base, un moment

$$M = \frac{1}{6} \times 4 \times 400 \cdot \left(\frac{7}{6} \times 2,2 - 1\right) = 418 \text{ tm.}$$

On peut donc adopter pour n la valeur 2, qui donne un moment de $\frac{1}{4 \times 5} \times \overline{20}^3 = 400$ tm.

Dans ces conditions, on trouve

$$Ef = \frac{12 \times 1 \times \overline{20}^{3,5}}{2^3 \times 4 \times 4,5 \times 5} \cdot \left[\frac{4,5}{5,5} - \frac{h}{y} + \frac{1}{5,5}\left(\frac{y}{h}\right)^{5,5}\right].$$

Soit pour $y =$ 0 $\qquad$ 4 $\qquad$ 8 $\qquad$ 12 $\qquad$ 16^{m}

$\mathrm{E}f =$ 488 $\qquad$ 368 $\qquad$ 249 $\qquad$ 136 $\qquad$ 42

Multipliant ces valeurs par $\dfrac{(b+e)^3}{0,209\,l^4}$, on trouve :

$$
\begin{array}{lccccc}
y = & 0 & 4 & 8 & 12 & 16^{\mathrm{m}} \\
q = & 0,32 & 5,27 & 9,51 & 11,92 & 8,57 \\
p+q = & 0,32 & 5,43 & 10,79 & 16,24 & 18,80
\end{array} \Biggr\} \; \mathrm{t/m^2}.
$$

D'autre part, on a $S = \dfrac{1,41}{0,219} \times \dfrac{b+e}{l^2} \times \mathrm{E}f = 6,44 \times \dfrac{b+e}{l^2} \times \mathrm{E}f.$

$S =$ 21,6 $\qquad$ 49,8 $\qquad$ 50,5 $\qquad$ 39,8 $\qquad$ 18 t/m².

Enfin la pression à l'aval du joint horizontal de base, en charge, est de 22,33 t/m², et sur un élément de surface normal au parement aval 23,41 t/m², soit 2,34 kgr/cm², pression inférieure à celle trouvée dans le cas précédent. Par contre, avec les nouvelles épaisseurs, et le rôle de la voûte devenu plus important, la pression S atteint des valeurs plus élevées, mais encore très minimes.

On pourrait sans doute réduire encore les écarts entre $p+q$ et $\varpi_0 y$, mais il n'y a pas lieu de rechercher une concordance absolue, les formules employées n'ayant pour but que de fournir, avec une approximation toujours suffisante pour les besoins de la pratique, les renseignements nécessaires pour arrêter les dimensions des ouvrages.

Remarques sur certains efforts secondaires. — Nous ferons suivre cet exposé de quelques remarques sur certaines forces secondaires, généralement de peu d'importance, mais qui dans certains cas peuvent n'être pas absolument négligeables.

Soit, tout d'abord, un élément de surface AB pris dans le parement amont d'un mur de réservoir, parement incliné sur la verticale. La force $\varpi_0 y \times AB$ qui s'exerce sur cet élément a une composante horizontale $\varpi_0 y \times BC$ (fig. 7), où BC est la projection de l'élément sur un plan vertical orienté normalement au rayon, et une composante verticale $\varpi_0 y \times AC$ où AC est la projection horizontale de l'élément AB, composante égale au poids du volume d'eau qui se trouve au-dessus de l'élément.

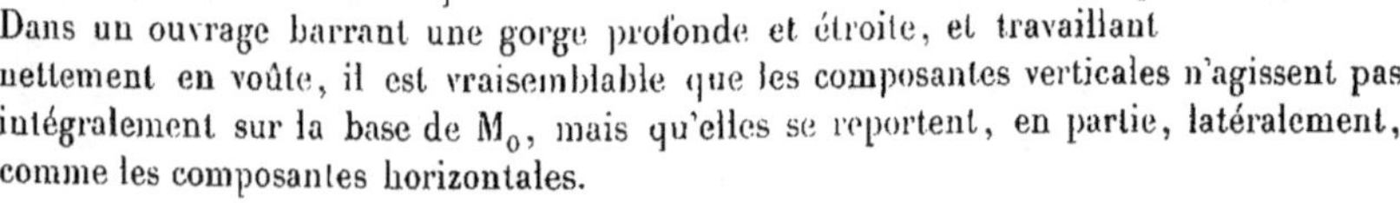

Fig. 7.

Nous avons réparti la composante horizontale entre les organes mur et voûte, du moins en ce qui concerne l'élément médian de mur M_0. Dans un ouvrage barrant une gorge profonde et étroite, et travaillant nettement en voûte, il est vraisemblable que les composantes verticales n'agissent pas intégralement sur la base de M_0, mais qu'elles se reportent, en partie, latéralement, comme les composantes horizontales.

Mais plus l'ouvrage se rapprochera d'un mur de longueur grande par rapport à sa hauteur, plus il paraîtra logique d'attribuer au mur la majeure partie des composantes verticales, ce qui, dans le cas d'un parement amont s'écartant fortement de la verticale, pourrait modifier sensiblement les moments fléchissants dus à la pression de l'eau, et par suite les flèches.

En second lieu, si la fibre moyenne du mur est fortement inclinée vers l'amont, le poids de la maçonnerie entre en jeu pour provoquer, à vide, des flèches négatives, c'est-à-dire dirigées vers l'amont. Lorsqu'on achève une assise horizontale de maçonnerie, les joints radiaux qui séparent les « voussoirs » de cette assise sont généralement remplis sans pression notable.

Lorsqu'on continue à élever le mur, c'est la flexion due au poids de la maçonnerie surmontant l'assise considérée qui tend à desserrer ces joints radiaux, les éléments de mur s'inclinant vers l'amont, donc s'éloignant du centre de courbure.

Lors de la mise en charge du barrage, la poussée de l'eau devra tout d'abord annuler les flèches initiales négatives qui se sont produites à vide, flèches comptées à partir de la position correspondante à l'achèvement d'une assise. Lorsqu'un joint radial de cette assise sera revenu à sa position initiale, il se retrouvera à peu près dans les mêmes conditions qu'au début, mais il faudra encore de légers tassements supplémentaires, accompagnés de minimes déplacements de la clef de voûte vers l'aval, pour qu'un élément de voûte acquière des propriétés élastiques voisines de celles qu'il aura définitivement. Il en est de même pour les voûtes du pont[1].

L'effet du poids propre, pour un barrage incliné, peut ainsi, dans certains cas, modifier légèrement l'action des éléments de voûte, puisque les flèches déduites des valeurs de p ne devraient plus intervenir intégralement dans le calcul de q.

Fig. 8.

Mais si l'on voulait introduire dans les calculs l'action des forces verticales, poids de l'eau ou de la maçonnerie, il semblerait logique de tenir compte de la forme réelle des éléments de mur, d'où quelques complications. Ces éléments sont compris entre deux plans verticaux passant par le centre O des arcs d'intrados et d'extrados. Cette forme intervient notamment dans la détermination des centres de gravité des masses à considérer, des centres de gravité des sections transversales (fig. 8), donc des axes, tels que GX, à utiliser dans le calcul des moments d'inertie. (Il en est d'ailleurs de même pour les forces horizontales, en ce qui concerne ces derniers éléments.)

Il ne faut pas oublier, surtout, que les variations de température, principalement dans les parties peu épaisses de l'ouvrage, peuvent modifier très notablement la poussée des éléments de voûte.

Nous ne pouvons examiner ici ce qui résulte de ces considérations, ni montrer quel peut être l'ordre de grandeur des écarts provenant du fait que les arcs considérés sont

---

[1] On trouvera le compte rendu d'expériences précises sur les mouvements des voûtes, et en particulier de celles construites avec matage de certains joints, dans l'important mémoire de M. l'ingénieur des Ponts et Chaussées Galatoire-Malégarie, concernant les ponts construits dans la région de Fez, (*Annales des Ponts et Chaussées*, fasc. VI de 1919.)

parfois peu surbaissés et d'épaisseur relative importante. On se rend compte toutefois qu'il n'est pas utile de poursuivre les essais des profils et des lois de répartition des pressions jusqu'à trouver, par la méthode indiquée, une concordance parfaite entre q et $\varpi_0 y - p$; il n'y a pas, en pratique, d'inconvénient à laisser, lorsqu'on évalue l'action des éléments de voûte, une marge de sécurité raisonnable.

Aussi convient-il de s'en tenir aux résultats obtenus lorsque, comme l'a indiqué M. Résal, la somme $p + q$ des charges attribuées au mur et à la voûte est, à tout niveau, supérieure sans exagération à la pression hydrostatique.

LA MÉTHODE DU CONTRÔLE

DANS LA FORÊT DOMANIALE D'AMANCE,

PAR

M. H. PERRIN.

INSPECTEUR ADJOINT DES EAUX ET FORÊTS.

Depuis 1886, la Station de recherches de l'École forestière poursuivait l'application de la méthode du Contrôle dans une petite série de la forêt domaniale d'Amance. Entreprise par M. Bartet, continuée par MM. Claudot, Jolyet, de Bouville et Guif, cette expérience donnait des résultats intéressants et les peuplements se rapprochaient peu à peu de l'état « normal », lorsque survint la guerre.

Après avoir joué un rôle important en 1914, lors des combats du Grand-Couronné, le forêt d'Amance abrita nos premières lignes jusqu'à l'armistice du 11 novembre 1918. Comme il était naturel en pareil lieu, nos troupes y puisèrent sans mesure pour faire face à leurs besoins en bois de chauffage et de défense; et les dégâts causés de ce chef à la forêt sont plus graves que ceux, pourtant sérieux, dus aux projectiles de l'ennemi. Située en bordure du massif et ayant longtemps donné asile à une pièce de marine qui attirait les coups de l'adversaire, la série du Contrôle a souffert plus que toute autre partie du massif d'Amance; ravagés par la hache et les obus, ses peuplements sont méconnaissables. A la place d'une sorte de futaie jardinée, entremêlée de taillis éclaircis, on ne voit plus maintenant que de jeunes rejets venus, au milieu des ronces et des fils de fer, sur des souches mal exploitées, et que surmontent des arbres. gros et moyens. dont bien peu n'ont pas reçu de graves blessures.

L'expérience arrêtée en 1914 ne peut donc être reprise; ne l'abandonnons pas, du moins, sans chercher à conserver les données recueillies au cours de vingt-cinq années d'observations.

La méthode du Contrôle, qui suscita de vives polémiques au cours de la seconde moitié du siècle dernier, est un peu oubliée maintenant; aussi nous croyons utile de rappeler ses caractéristiques : son protagoniste, Adolphe Gurnaud (1825-1898), ancien élève de la vingt-deuxième promotion de l'École forestière, subordonnait tous les principes de culture et d'aménagement à la notion de l'exploitabilité financière, c'est-à-dire à la recherche du revenu maximum; ses doctrines, qui ont quelque peu varié au cours des temps et qu'il n'a jamais groupées et ordonnées en un ouvrage d'ensemble, sont éparses dans un grand nombre de publications, parfois assez confuses; on peut ainsi les résumer :

De même qu'un industriel établit à la fin de chaque année le bilan de son entreprise, de même le propriétaire forestier soucieux de ses intérêts doit, par des inventaires périodiques, exercer un contrôle sur les variations du matériel de son domaine, pour se rendre compte de l'état de sa forêt et de la façon dont y travaille le capital ligneux. Cette idée (parfaitement légitime et qui, en principe, ne préjuge rien du mode de traitement) amène naturellement à rechercher s'il n'existe pas une forme de peuplement plus rémunératrice que celles connues jusqu'ici. Gurnaud estimait que cette forme existe et est la futaie étagée, sorte de futaie irrégulière comportant un mélange intime des arbres de tous âges, que les coupes viennent desserrer à intervalles très rapprochés, pour empêcher le massif de se refermer et par là-même assurer aux sujets réservés une végétation aussi active que possible. En réglant convenablement l'importance des coupes d'après les indications des inventaires, on doit ainsi amener et maintenir le peuplement à un état « normal » tel que « le matériel le plus faible possible donne l'accroissement absolu le plus grand possible, au taux jugé rémunérateur ». Quel est ce taux ? Puisqu'on parle de matériel et d'accroissement, il doit s'agir d'un taux de production en matière ; et pourtant, les essences diverses qui peuvent se trouver dans une forêt n'ont pas toutes la même valeur, et, pour une même essence, les petits bois ont un prix unitaire inférieur à celui des gros ; la production maxima en matière qui serait, en général, réalisée avec des arbres d'essences secondaires et de faibles dimensions, n'assure donc pas forcément le revenu maximum en argent, qui seul importe au propriétaire. Il s'agit donc, en fait, d'un taux de placement, et Gurnaud l'entendait bien ainsi ; mais, même dans les taillis sous futaie, il n'attachait d'importance qu'à la recherche du taux de production (qu'il appelait taux d'accroissement), estimant que « par suite du grossissement des bois et de la mieux-value qui en résulte, le taux d'accroissement en argent sera plus fort que le taux d'accroissement en matière » et que, « en réglant la possibilité sur ce dernier, on ne sera pas en dessous de la somme exigée pour le revenu ». Quant à la quotité du matériel normal, elle n'a jamais été précisée par l'auteur de la méthode qui, après avoir indiqué divers chiffres, a fini par conclure que c'est là une donnée devant résulter *a posteriori* du contrôle.

Pour compléter ce système qui, somme toute, laisse l'importance des coupes à la discrétion du propriétaire, il était posé un certain nombre de principes, plus ou moins conventionnels, et de règles culturales, dont nous donnons ci-dessous une brève analyse, d'après un manuscrit de Gurnaud intitulé *Notes pour l'application de la méthode du contrôle dans la forêt domaniale de Champenoux*, daté du 16 avril 1886 et conservé aux archives de la Station de recherches :

1° Dans la superficie de la forêt, il faut distinguer deux portions : le matériel principal, formé par les tiges des arbres d'au moins 0 m. 20 de diamètre à hauteur d'homme, dits arbres de futaie, et le matériel accessoire, qui comprend tout le reste du peuplement : houppiers des arbres de futaie, brins réservés de moins de 0 m. 20 de diamètre, dits brins propres à la futaie, et sous-bois.

Le matériel principal lui-même se subdivise en : petits bois, de 0 m. 20 à 0 m. 35 de diamètre ; bois moyens, de 0 m. 40 à 0 m. 55, et gros bois, de 0 m. 60 et plus.

2° En attendant que le contrôle ait révélé la proportion optima qui doit exister, dans un peuplement normal, entre les trois catégories de grosseurs du matériel principal, on peut admettre que celui-ci doit renfermer 50 p. 100 de gros bois, 30 p. 100 de bois moyens et 20 p. 100 de petits bois.

3° Dans la forêt normale, le matériel accessoire a un volume constant; son inventaire serait donc sans intérêt pratique, et il suffit de faire porter les comptages sur le matériel principal, seul sujet à variations; en même temps que la coupe principale, qui recrutera la possibilité fixée pour ce matériel, il sera fait une coupe d'amélioration parmi les brins propres à la futaie et le sous-bois.

4° Le sous-bois nuit à la croissance de la futaie dès qu'il atteint une certaine importance; son effet nuisible est dû «non pas aux sujets à tige verticale, mais bien à la présence des sujets obliques et traînants». C'est pourquoi on le recépera lors des exploitations, à l'exception des semis et des brins d'essences précieuses nécessaires au recrutement de la futaie; ces brins seront éclaircis comme il convient, et on les préparera à la futaie en modifiant, s'il y a lieu, leur forme par des émondages et des élagages prudents. «La coupe doit être forte et souvent répétée.»

5° Pour l'application du contrôle, la forêt doit être partagée sur le terrain en divisions fixes, et chaque division a son compte de matériel particulier.

6° La possibilité des coupes, pour chaque catégorie de matériel, «doit être égale à l'accroissement constaté quand le capital d'exploitation est normal, plus faible quand il est insuffisant, plus forte quand il est exagéré, et variable suivant les exigences des peuplements dans les forêts irrégulières».

Telles sont les bases de la méthode du contrôle. Tout a été dit pour, et surtout contre cette méthode, tant au point de vue cultural qu'au point de vue économique[1]. Séduisantes au premier abord, faciles à adapter aux sapinières irrégulières, et faisant ressortir des taux de placement et de production fort élevés en apparence, les théories de Gurnaud ont trouvé, principalement dans le Jura, des partisans convaincus et, un peu partout, des adversaires irréductibles. Ne pouvant apporter dans la discussion aucun argument décisif, puisque l'expérience d'Amance était loin d'être terminée quand la guerre l'a interrompue, nous nous contenterons ici de retracer l'histoire de la série du contrôle et d'examiner quels étaient les résultats obtenus à la date du dernier inventaire, faisant, pour ce travail, de larges emprunts aux remarquables procès-verbaux de revision d'aménagement rédigés en 1904 et 1910 par M. Cuif.

Si l'application du contrôle est aisée dans les sapinières, elle est fort délicate dans les forêts feuillues d'essences mélangées et particulièrement dans les taillis sous futaie, où la concurrence est vive entre les diverses espèces et où les rejets font obstacle à la croissance des semis d'essences précieuses. C'est cette application ou, plus exactement, la conversion d'un taillis sous futaie en futaie étagée, avec emploi, dès le début, de la méthode du contrôle, qui fut tentée en 1886 dans la forêt de Champenoux, dont la partie gérée par l'École forestière a repris en 1907 son ancien nom de forêt d'Amance.

Cinq parcelles, d'une surface totale de 69 hectares 18 (dont 66 hectares 43 pro-

---

[1] Cf. notamment articles divers parus en 1890 et années suivantes dans la *Revue des Eaux et Forêts* et le *Bulletin de la Société forestière de Franche-Comté et Belfort : La méthode du Contrôle*, par F. GUARDEAN (Berger-Levrault, 1885); *Traité d'économie forestière*, par G. HUFFEL, t. III (L. Laveur, 1909).

ductifs), furent distraites dans ce but de la quatrième affectation de la série de futaie et partagées en 16 divisions, de contenances comprises entre 3 et 5 hectares. Situées en sol argileux, profond et humide, d'assez bonne qualité, ces parcelles avaient été jusqu'alors, de temps immémorial, traitées en taillis sous futaie à une révolution de 3o à 35 ans. Le taillis, surtout composé de charmes et de bois blancs, était d'âges assez régulièrement espacés de 3 à 29 ans. La réserve comportait, à l'hectare, une moyenne de 116 arbres dont 79, de o m. 20 et plus de diamètre, avaient un volume (bois de tige) de 31 mètres cubes 5. Elle était très inégalement répartie. La division 9, la plus riche en arbres, renfermait, à l'hectare, 150 futaies donnant 39 mètres cubes de bois de tige; la division 16, la plus pauvre en arbres, n'avait que 31 tiges pour 21 mètres cubes. Au point de vue volume à l'hectare, les extrêmes étaient aussi distants : division 12 : 6o arbres, 49 mètres cubes; division 10 : 44 arbres, 20 mètres cubes. Comme essences, le charme et les divers étaient dominants sur moitié de la surface de la série; ailleurs, le chêne et le hêtre se rencontraient seuls; dans l'ensemble, la proportion des essences, en volume, était de : chêne, o.61; hêtre, o.11; charme et divers, o.24; blancs, o.o4. On voit que la forêt d'expérience était loin d'être homogène, mais ce fait n'avait aucune importance, puisque, dans la méthode du contrôle, la possibilité est fixée par parcelle.

Cette possibilité, à prendre en coupes réglées à la périodicité de six ans (laps de temps qui devait, par suite, également séparer les inventaires), fut naturellement arrêtée à un chiffre très inférieur à la production constatée, pour permettre au massif de se rapprocher de l'état normal; et l'on spécifia que ce chiffre, non strictement obligatoire, indiquait simplement le maximum du cube à réaliser. En fait, les nécessités culturales amenèrent toujours à dépasser légèrement la possibilité : et comme le déficit en gros bois, par rapport au quantum fixé, était particulièrement sensible, on n'enleva guère que des bois petits et moyens, les gros arbres tarés ou franchement dépérissants étant seuls livrés à la hache. Le tableau I, dont les données, comme celles de tous les tableaux qui suivront, sont rapportées à l'hectare, indique sommairement les variations du matériel de la série du contrôle. Les inventaires qui eussent dû, nous l'avons vu, avoir lieu tous les six ans, furent pratiqués en janvier 1886, décembre 1892, décembre 1899, février 1905 et novembre 1910; ils portèrent, à titre documentaire, aussi bien sur le matériel accessoire que sur le matériel principal. Conformément aux principes du contrôle, on y employa toujours un seul et même tarif de cubage, uniforme pour toutes les essences (cf. tableau V) et qui admet que le bois de tige forme la moitié du volume total de l'arbre. La production annuelle moyenne, pour une période donnée, a été calculée en divisant la différence entre les volumes fournis par deux inventaires consécutifs, augmentée du cube des bois exploités dans l'intervalle, par le nombre de saisons de végétation qui séparait ces inventaires. Toutefois il nous sera impossible de faire état du comptage de 1899 qui, renfermant des données en contradiction avec celles recueillies en 1892 et 1905, doit être suspecté d'inexactitude et par suite écarté.

Tableau I. — Variations du matériel. — Production. — Possibilités.

Désignation.	Dates des inventaires. 1886.	1892.	1905.	1910.	1916 (1).	Observations.
Matériel principal.						
Nombre d'arbres. Chênes	31	34	52	70	//	(1) Projeté pour 1916.
Nombre d'arbres. Hêtres	8	11	11	11	//	(2) Période 1893-1900.
Nombre d'arbres. Charmes et divers	31	35	31	32	//	(3) Période 1900-1904.
Nombre d'arbres. Blancs	6	9	8	9	//	
Totaux	76	89	102	122	//	
	m. c.	m. c.	m. c.	m. c.		
Volume. Chênes	19.3	22.5	30.2	35.2	//	
Volume. Hêtres	3.4	4.7	5.9	6.6	//	
Volume. Charmes et divers	7.4	9.4	9.5	9.7	//	
Volume. Blancs	1.4	2.1	2.1	2.2	//	
Totaux	31.5	38.7	47.7	53.7	//	
Matériel accessoire.						
Nombre de brins propres à la futaie. Chênes	12	112	156	239	//	
Nombre de brins propres à la futaie. Divers	24	93	147	259	//	
Totaux	36	205	303	498	//	
	m. c.	m. c.	m. c.	m. c.		
Volume. Houppiers	31.5	38.7	47.7	53.7	//	
Volume. Brins propres à la futaie	3.7	12.7	19.9	26	//	
Volume. Sous-bois	35.5	1.5	9.1	5.1	//	
Totaux	70.7	52.9	76.7	84.8	//	
Matériel principal.	m. c.					
Production annuelle moyenne	1.61		//	//	//	Un tiers de la production antérieure supposée.
Possibilité annuelle	0.4		//	//	//	
		m. c.				
Production annuelle moyenne	.....	1.56		//	//	Moitié environ de la production constatée.
Possibilité annuelle	.....	0.78 (2)		//	//	
		0.9 (3)		//	//	
			m. c.			
Production annuelle moyenne	.....	.....	1.91		//	Un tiers de la production pendant la période précédente.
Possibilité annuelle	.....	.....	0.52		//	
				m. c.		
Production annuelle moyenne	.....	.....	.....	//		Idem.
Possibilité annuelle	.....	.....	.....	0.64		

Bibliothèque nationale R.F. Imprimés

On voit que de sérieuses économies avaient été réalisées dans la forêt, puisqu'on n'y a pas coupé moitié de la production constatée. Aussi le matériel principal était-il passé de 31 m. c. 5 à 53 m. c. 7 en 25 ans. Dans le matériel accessoire, le sous-bois était fort réduit; considérable en 1886, car la série comprenait alors moitié de sa surface en taillis de plus de 15 ans, il était presque nul en 1892, par suite des recépages effectués. Après ces recépages, le sol, insuffisamment protégé par la futaie, s'était couvert d'un fourré très dense de ronces et de morts bois, de sorte que Gurnaud lui-même dut reconnaître qu'il était pratiquement impossible de couper les rejets de 6 ans au cours de la période 1893-1898, et il consentit à porter à 12 ans l'âge d'exploitation du sous-bois, avec d'autant moins de difficulté que les arbres de futaie, assez clairsemés, étaient remplis de gourmands et que les sujets réservés comme brins d'avenir eux-mêmes se montraient, surtout dans les coupes où le taillis avait été coupé très jeune, peu nombreux et peu vigoureux; on se borna donc, pendant la seconde période, à dégager énergiquement les brins d'essences précieuses. En 1898, le sous-bois de 12 ans n'étant guère plus exploitable que celui de 6 ans, la nécessité d'assurer au sol un certain couvert que la réserve était encore incapable de fournir amena à différer jusqu'à nouvel ordre la pratique des recépages.

La réserve, cependant, s'améliorait peu à peu; les bois défectueux disparaissaient; le charme s'éliminait, laissant la place au chêne et accessoirement au hêtre; recevant une insolation latérale affaiblie, les fûts avaient moins de gourmands; des semis de chêne et de frêne naissaient dans les endroits clairiérés; soigneusement dégagés tous les six ans, ils prospéraient à souhait, promettant pour l'avenir, par leur abondance et leur qualité, un recrutement facile de la futaie. On était toutefois encore bien loin de l'état normal rêvé par Gurnaud, et le déficit des gros bois s'atténuait avec une extrême lenteur (cf. tableau II).

TABLEAU II. — VARIATIONS DU MATÉRIEL PRINCIPAL.

DATES DES INVENTAIRES.	VOLUME RÉEL.				VOLUMES RELATIFS DES TROIS CATÉGORIES DE GROSSEURS.			VOLUMES RELATIFS DES ESSENCES.			
	GROS bois.	BOIS moyens.	PETITS bois.	TOTAL.	GROS bois.	BOIS moyens.	PETITS bois.	CHÊNE.	HÊTRE.	CHARME et divers.	BLANCS.
	m. c.	m. c.	m. c.	m. c.	p. 100.	p. 100.	p. 100.	p. 100.	p. 100.	p. 100.	p. 100.
1886	6 5	10 5	14 5	31 5	21	33	46	61	11	24	4
1892	8 2	12 2	18 3	38 7	21	32	47	58	12	21	6
1905	11 5	15 6	20 6	47 7	24	33	43	63	13	20	4
1910	13 5	17	23 2	53 7	25	32	43	66	12	18	4

En présence de l'excédent relatif des petits bois, il était à prévoir que ce déficit serait comblé à un moment donné. Mais quand le matériel normal devait-il être obtenu? L'aménagiste de 1904 semble être le premier qui se soit posé la question, et il avait fixé à 100 mètres cubes de bois de tige le volume maximum que pouvait atteindre la réserve pour qu'il arrive encore au sol une lumière suffisante au développement des semis de chêne. Ce chiffre admis, — encore que rien ne prouve qu'il ne dépasse pas le volume susceptible de donner un taux de production « rémunérateur », — il était à prévoir que, si le matériel principal de la série du contrôle arrivait, dans un délai assez rapproché, au cube normal, de très nombreuses années s'écouleraient encore avant que ce cube soit réparti comme il convient entre les trois catégories de grosseurs.

Vérifions maintenant le fonctionnement économique de l'opération, en matière et en argent. Le tableau III fait ressortir la production annuelle moyenne en bois de tige, que cette production soit due au matériel initial (existant au début de chaque période), ou aux brins passés à la futaie, c'est-à-dire ayant atteint 0 m. 20 de diamètre au cours de cette période.

TABLEAU III. — PRODUCTION MOYENNE ANNUELLE, EN MATIÈRE DU MATÉRIEL PRINCIPAL.

PÉRIODE.	MATÉRIEL INITIAL.	PRODUCTION					
		DUE AU MATÉRIEL INITIAL.				DUE AU PASSAGE à la futaie.	TOTALE.
		GROS BOIS.	BOIS MOYENS.	PETITS BOIS.	TOTALE.		
	m. c.	m. c.	m. c.	m. c.	m. c.	m. c.	m. c.
1886–1892......	31.5	0.095	0.236	0.649	0.980	0.40	1.380
1893–1904......	38.7	0.083	0.279	0.678	1.037	0.59	1.627
1905–1910......	47.7	0.165	0.317	0.688	1.170	0.74	1.910

Comment a travaillé le capital ligneux pour assurer cette production ? Gurnaud a d'abord calculé le taux de production en matière en rapportant au matériel initial la production annuelle, déterminée comme il a été dit plus haut ; il admettait qu'il se produit une compensation entre l'accroissement de volume qu'auraient pris les bois exploités, s'ils étaient restés sur pied, qu'on néglige, et le cube des brins passés à la futaie, qu'on incorpore à la production, bien qu'il n'ait pas été compté dans le matériel initial. Si cette manière de voir est peut-être vraisemblable pour un peuplement normal, elle est franchement inexacte dans les autres cas : Gurnaud s'en est rendu compte et s'est alors contenté de déterminer le taux de production du matériel initial, en éliminant les brins passés à la futaie, soit en bloc, soit, après une ventilation, pour chaque catégorie de grosseur. Mais, même cette rectification faite, nous ne pouvons accepter ce procédé pour un peuplement non encore normal : rapporter la production annuelle moyenne au matériel initial revient, en effet, à admettre que le bois qui s'incorpore à la masse ligneuse primitive n'est pas lui-même productif, autrement dit que le capital forestier travaille à intérêts simples. Cette théorie est unanimement rejetée aujourd'hui, et il est d'un usage constant, en l'espèce, de prendre comme capital générateur la moyenne arithmétique du matériel initial et du matériel final. Dans la forêt normale, où l'on exploiterait toute la production, le matériel final serait égal au matériel initial, de sorte que leur moyenne serait égale à chacun d'eux, et alors la formule de Gurnaud serait admissible ; mais elle ne l'est que dans ce seul cas, qui est loin d'être réalisé à Amance ; et pour une forêt pauvre, où la possibilité est inférieure à la production, elle donne un chiffre supérieur à celui fourni par la méthode correcte.

Le tableau IV donne le taux de production du matériel initial, calculé selon cette dernière méthode, par essence et par catégorie de grosseur. On y remarquera la supériorité du hêtre sur toutes les autres espèces.

TABLEAU IV. — TAUX DE PRODUCTION EN MATIÈRE DU MATÉRIEL INITIAL,
PAR ESSENCE ET PAR CATÉGORIE DE GROSSEUR.

ESSENCES.	PÉRIODE 1886-1892.				PÉRIODE 1893-1904.				PÉRIODE 1905-1910.			
	GROS BOIS.	BOIS MOYENS.	PETITS BOIS.	ENSEMBLE des TROIS CATÉGORIES.	GROS BOIS.	BOIS MOYENS.	PETITS BOIS.	ENSEMBLE des TROIS CATÉGORIES.	GROS BOIS.	BOIS MOYENS.	PETITS BOIS.	ENSEMBLE des TROIS CATÉGORIES.
Chêne et frêne.........	1.42	1.98	4.02	2.38	0.92	2.03	3.57	2.15	1.34	1.75	2.86	2.14
Hêtre..............	1.14	2.93	5.50	4.05	1.61	2.52	4.28	3.28	1.94	3.26	5.38	3.74
Charme et divers.......	//	1.25	3.19	2.96	//	0.96	2.42	2.29	//	1.10	2.22	1.99
Bois blancs..........	//	1.81	4.36	4.28	//	1.75	2.10	2.08	//	3.17	3.74	3.66
Ensemble du peuplement.	1.40	2.06	3.86	2.80	0.96	2.01	3.02	2.31	1.40	1.98	2.96	2.35

Au lieu de 2.80, 2.31 et 2.35, la formule primitive eût donné 4.38, 4.21 et 4.13. Combien ces chiffres eux-mêmes sont inférieurs à ceux annoncés par Gurnaud! Dans son manuscrit de 1886, celui-ci écrivait : «Le taux d'accroissement des futaies, à Champenoux, sera de 8 p. 100, ce qui leur permettra, malgré les coupes, d'augmenter leur volume de 40 p. 100 au cours de la première période», et il ajoutait : «La possibilité de la seconde période sera probablement double de celle de la première période; à son expiration, dans douze ans d'ici, la nouvelle augmentation du matériel principal sera supérieure à 1,000 mètres cubes, et ce matériel ne contiendra pas moins de 4,000 mètres cubes en totalité». C'était aller un peu vite, car vingt-quatre ans plus tard, malgré la faiblesse des possibilités adoptées, l'inventaire de 1910 ne trouvait encore dans la forêt que 3,700 mètres cubes.

Passons aux données argent. Une estimation détaillée de la superficie fut faite en 1886, à vue pour le sous-bois, taxé 10 francs le stère, 20 francs le cent de fagots et 10 francs le cent de bourrées, et en utilisant les résultats des inventaires pour les futaies. Afin de simplifier le travail, il fut établi, d'après les diamètres à hauteur d'homme, de cinq en cinq centimètres, un tarif d'estimation en argent correspondant au tarif de cubage; et, pour avoir des résultats comparables entre eux au cours des temps, il fut décidé que ce double tarif serait toujours employé lors des inventaires. Nous reproduisons au tableau V ce document. Les prix de base sont, pour le chêne, de 20 à 40 francs le mètre cube de bois de tige, selon grosseur, 5 francs le stère de branchages et 10 francs le cent de fagots; le hêtre et le charme sont évalués en chauffage à 9 francs le stère et 20 francs le cent de fagots; les bois blancs sont comptés à 10 francs le stère et 10 francs le cent de bourrées.

TABLEAU V. — TARIF D'ESTIMATION EN MATIÈRE ET EN ARGENT.

DIAMÈTRES en CENTIMÈTRES.	VOLUMES. (Toutes essences.)		VALEURS.			OBSERVATIONS.
	TOTAL.	BOIS DE TIGE. (Matériel principal.)	CHÊNE ET FRÊNE.	HÊTRE, CHARME, DIVERS.	BOIS BLANCS.	
	mètres cubes.	mètres cubes.	fr. c.	fr. c.	fr. c.	
5	0.01	"	0 05	0 05	0 05	Ce tarif sera utilisé sans modification pour tous les inventaires.
10	0.05	"	0 50	0 60	0 45	
15	0.14	"	2 30	1 80	1 30	
20	0.28	0.14	3 80	3 50	2 60	
25	0.44	0.22	6 30	6 00	4 50	
30	0.72	0.36	11 00	10 00	7 00	
35	1.00	0.5	17 00	14 00	10 00	
40	1.4	0.7	24 00	20 00	13 00	
45	1.8	0.9	31 00	26 00	17 00	
50	2.4	1.2	44 00	34 00	23 00	
55	3	1.5	57 00	43 00	31 00	
60	3.6	1.8	72 00	52 00		
65	4.4	2.2	92 00	64 00		
70	5.2	2.6	113 00	75 00		
75	6	3	138 00	87 00		
80	6.6	3.3	168 00	98 00		
85	7.4	3.7	202 00	108 00		
90	8.2	4.1	237 00	120 00		
95	9	4.5	276 00			
100	9.8	4.9	322 00			
105	10.6	5.3	368 00			
110	11.4	5.7	420 00			

C'est à l'aide de ce tarif qu'ont été arrêtées les valeurs successives de la superficie qui figurent au tableau VI.

TABLEAU VI. — VALEURS SUCCESSIVES DE LA SUPERFICIE.

DATES DES INVENTAIRES.	VALEUR			
	DE LA FUTAIE.	DES BIENS PROPRES À LA FUTAIE.	DU SOUS-BOIS.	DE L'ENSEMBLE DU PEUPLEMENT.
	francs.	francs.	francs.	francs.
1886.....................	1,046	48	313	1,407
1892.....................	1,283	145	7	1,435
1905.....................	1,596	237	55	1,888
1910.....................	1,864	305	31	2,200

Les tableaux VII et VIII, à mettre en parallèle avec les tableaux III et IV, font ressortir, l'un une production théorique en argent toujours croissante et des plus satisfaisantes, l'autre, des taux de formation de la valeur, calculés par le même procédé que les taux de production, et naturellement un peu plus forts que ces taux.

TABLEAU VII. — PRODUCTION THÉORIQUE EN ARGENT.

PÉRIODE.	PRODUCTION		
	DUE AU MATÉRIEL INITIAL.	DUE AU PASSAGE À LA FUTAIE.	TOTALE.
	francs.	francs.	francs.
1886–1892..........................	35	10	45
1893–1905..........................	37	15	52
1906–1910..........................	42.7	19	61.7

TABLEAU VIII. — TAUX DE FORMATION DE LA VALEUR DU MATÉRIEL INITIAL,

PAR ESSENCES ET PAR CATÉGORIES DE GROSSEURS.

ESSENCES.	PÉRIODE 1886–1892.				PÉRIODE 1893–1904.				PÉRIODE 1904–1910.			
	GROS BOIS.	BOIS MOYENS.	PETITS BOIS.	ENSEMBLE des TROIS CATÉGORIES.	GROS BOIS.	BOIS MOYENS.	PETITS BOIS.	ENSEMBLE des TROIS CATÉGORIES.	GROS BOIS.	BOIS MOYENS.	PETITS BOIS.	ENSEMBLE des TROIS CATÉGORIES.
Chêne et frêne..........	2.04	2.32	4.57	2.73	1.21	2.36	4.03	2.33	1.81	2.86	3.68	2.57
Hêtre...............	1.16	2.94	5.91	4.22	1.60	2.87	4.57	3.40	2.04	3.27	5.71	3.86
Charme et divers........	"	1.27	3.51	3.23	"	0.96	2.60	2.36	"	1.09	2.41	2.14
Bois blancs	"	1.93	4.48	4.40	"	1.86	2.16	2.14	"	3.88	3.90	3.90
Ensemble du peuplement.	2.01	2.32	4.29	3.02	1.23	2.27	3.38	2.45	1.83	2.17	3.46	2.54

Mais les données des tableaux ci-dessus sont purement fictives.

Passons dans le domaine de la réalité, et voyons au tableau IX ce que la série du contrôle a effectivement rapporté.

TABLEAU IX. — RENDEMENT EFFECTIF PAR ANNÉE MOYENNE.

PÉRIODE.	RENDEMENT EN MATIÈRE.						RENDEMENT EN ARGENT.			
	MATÉRIEL PRINCIPAL.		MATÉRIEL ACCESSOIRE.				RE-CETTES.	DÉ-PENSES.	REVENU NET.	PRIX DU MÈTRE cube tout venant.
	Nombre d'arbres.	Volume.	Houp-piers.	Brins propres à la futaie.	Sous-bois.	TOTAL..				
		m. c.	m. c.	m. c.	m. c.	m. c.				
1886–1892..	1.1	0.43	0.43	0.06	5.8	6.72	51 32	0 26	51 06	7 60
1893–1898..	3.2	0.86	0.86	0.65	//	2.37	26 62	4 90	21 72	9 16
1899–1904..	2.6	0.89	0.89	0.37	0.3	2.38	29 23	4 97	24 26	10 19
1905–1910..	2.1	0.69	0.69	0.68	0.3	2.36	21 70	4 05	17 65	7 48

Dans ce tableau, les recettes sont constituées par le prix de vente des bois, soit qu'ils aient été adjugés en bloc et sur pied, les soins culturaux étant imposés sur les coupes, ce qui se fit jusqu'en 1893, soit qu'ils aient été cédés après façonnage en régie (1894-1908), ou bien adjugés à l'unité de produits (1909 et 1910), faute de trouver la main-d'œuvre nécessaire aux exploitations directes. Les dépenses comprennent les frais des soins culturaux et des exploitations régielles.

Le revenu net est faible, ce que nous pouvions prévoir, et il est loin d'avoir suivi la marche ascendante que nous promettait la théorie; mais ce qui doit surtout nous frapper, c'est la valeur restreinte du mètre cube tout venant; sans doute on en était à la période d'épargne, et les coupes n'ont enlevé qu'exceptionnellement des gros bois, plus ou moins tarés; elles ont surtout porté sur le charme et les bois blancs, à une époque où ceux-ci n'avaient guère que la valeur, toujours en baisse, du bois de chauffage; il n'en est pas moins vrai que, dans les coupes de taillis sous futaie de quatrième affectation de la série de futaie d'Amance, balivées, avec une très forte réserve en vue de la conversion en futaie pleine, le mètre cube tout venant s'est vendu, aux mêmes périodes, 10 fr. 93, 10 fr. 40, 15 fr. 07 et 13 francs; d'autre part, il est curieux de constater que le prix unitaire est, à peu de chose près, le même, dans la série du contrôle, au début et à la fin de l'expérience, bien que le bois de tige ait représenté, en 1886-1892, 6.4 p. 100 et, en 1904-1910, 29 p. 100 du volume exploité.

Il faut vraisemblablement attribuer cette dépréciation des bois du contrôle à leur difficulté d'exploitation, la répétition fréquente des coupes amenant à ne réaliser à chacune d'elles qu'un petit nombre d'arbres, qu'il faut aller extraire, en respectant tout le peuplement avoisinant, au milieu d'un massif irrégulier et assez dense de brins de tous âges. Les divers modes de mise en valeur des coupes auxquels on a eu recours ont donné, à ce point de vue, des résultats absolument concordants, et que n'ont pas infirmés les exploitations faites de 1911 à 1913. Nous devons d'ailleurs reconnaître que cet inconvénient se serait atténué par la suite, lorsque les peuplements, devenus normaux, n'auraient plus produit qu'une proportion relativement restreinte de bois de chauffage. La crainte des suites des élagages qu'entraîne la préparation à la futaie n'estelle pas aussi pour quelque chose dans la faiblesse des prix obtenus? Nous n'en serions guère étonné.

On pourrait objecter que nous n'avons reproduit dans cette étude que des moyennes déduites des totaux relevés pour l'ensemble de la série, et poser la question de savoir si les données ainsi obtenues s'appliquent à chaque division en particulier. Après examen des comptes de gestion détaillés, nous n'hésitons pas à répondre affirmativement. Par suite du manque d'homogénéité des peuplements, les chiffres trouvés pour une parcelle déterminée peuvent s'écarter très sensiblement, en plus ou en moins, des moyennes; mais nulle part ces écarts ne sont de nature à mettre en doute le sens des indications fournies par celles-ci.

L'expérience d'Amance permet-elle, dès lors, de conclure nettement pour ou contre la méthode du contrôle? Non, puisqu'elle ne faisait que commencer et que le contrôle s'y bornait à enregistrer la production des peuplements et à vérifier la progression de ceux-ci vers l'état normal. Tout ce que nous pouvons constater maintenant, c'est que, au point de vue cultural, la forêt a sensiblement accru et amélioré son matériel; comme on devait s'y attendre, le traitement en futaie étagée, avec ses coupes fréquentes et ses minutieux dégagements de semis, a permis au chêne de reprendre, dans le sous-bois, une place que lui avait fait perdre l'application de révolutions de taillis sous futaie relativement longues ou du régime de la futaie; des 36 brins d'avenir dénombrés par hectare en 1886, un tiers seulement étaient d'essence chêne; en 1910, ce dernier formait près de moitié des 498 brins propres à la futaie, sans qu'aucun repeuplement artificiel ait eu lieu dans l'intervalle (cf. tableau I) [1]. N'oublions pas toutefois de rappeler ici qu'on avait dû, pendant toute la durée de l'expérience, renoncer au recépage du sous-bois, ce qui était une dérogation sérieuse aux règles essentielles posées par Gurnaud. Au point de vue économique, les taux de production des réserves du Contrôle ne semblent pas supérieurs à ceux des réserves de taillis sous futaie, dans les mêmes conditions; les résultats financiers ne sont pas brillants et le seraient moins encore s'il avait été tenu compte des frais entraînés par les multiples inventaires.

De plus, nous pouvons, dès à présent, envisager les difficultés que réservait l'avenir. Lorsque la futaie étagée aurait été à peu près constituée, il eût fallu se décider à adopter un taux «rémunérateur», déterminer la consistance du peuplement et la proportion qu'eussent dû y occuper les diverses essences pour arriver à obtenir «l'accroissement absolu le plus grand possible avec le matériel le plus faible possible». N'eût-on pas, à ce moment, été conduit à favoriser le hêtre, qui croît vite et supporte l'état serré, aux dépens du chêne, qui pousse plus lentement et ne peut former que des massifs clairs? N'eût-on pas été amené, pour réaliser un taux satisfaisant, à réduire la proportion assignée aux gros bois dans le volume total? En d'autres termes, la poursuite du but fixé

---

[1] Si la guerre a détruit la série du Contrôle, elle a laissé relativement indemnes les 200 hectares de la forêt d'Amance traités depuis 1907 en «futaie claire», sur l'initiative de M. Huffel, professeur à l'École forestière. Dans ces 200 hectares, naguère exploités en taillis sous futaie, avec une réserve assez abondante en chêne, les coupes repasseront tous les quinze ans sur le même point, en comportant simultanément la réalisation d'un cube déterminé d'arbres de réserve et tous recépages et dégagements utiles au développement des semis d'essences précieuses. Après quelques révolutions, cet essai éclairera définitivement la question si intéressante de l'éducation intensive du chêne, en arbres de futaie, sous le climat rigoureux du Nord-Est de la France.

n'aurait-elle pas entraîné à modifier radicalement la ligne de conduite adoptée jusqu'alors dans la forêt?

La méthode du Contrôle est si élastique que, dans une futaie d'une seule essence, son emploi exige une extrême prudence; bien rares même doivent être ceux auxquels la recherche du taux «rémunérateur» ne fait pas sacrifier une richesse acquise à une augmentation de revenu problématique. Appliquer cette méthode à un taillis sous futaie d'essences mélangées et pauvre en gros bois, c'était jouer la difficulté; et le problème posé à Amance renfermait tant de variables et tant d'inconnues, qu'on peut se demander s'il devait jamais être vraiment résolu.

RÔLE ÉVENTUEL
DES POUSSIÈRES ATMOSPHÉRIQUES
DANS L'ENTRETIEN
DE LA FERTILITÉ DES SOLS FORESTIERS,

PAR

M. A. JOLYET.

Dans toute forêt où l'on ne commet pas la faute impardonnable d'enlever la *couverture morte*, les récoltes sont beaucoup moins épuisantes que ne le sont les récoltes agricoles. Le bois de nos arbres contient, en effet, beaucoup moins de substances azotées, beaucoup moins d'acide phosphorique, de potasse et d'autres matières minérales qu'un poids égal de blé, de foin ou de pommes de terre. Cette constatation explique pourquoi l'apport d'engrais n'est pas indispensable dans la culture forestière comme dans la culture agricole.

Pourtant, si *minimes* que puissent être les quantités de substances fertilisantes prises au sol par les récoltes forestières, elles ne sont pas *nulles*. On peut donc se demander si nos sols forestiers ne s'épuiseront pas à la longue. Aussi n'est-il pas sans intérêt d'établir le bilan approximatif de ce qu'une récolte de bois prend au sol d'une forêt, puis de voir si le sol peut récupérer par des moyens naturels les substances qui lui ont été enlevées, enfin d'examiner comment nous pouvons réduire au minimum l'épuisement d'un sol forestier et faire en sorte que les moyens naturels de récupération soient *suffisants*, même au cas où leur rendement serait *très faible*.

ÉPUISEMENT DES SOLS FORESTIERS EN MATIÈRES MINÉRALES.

Je laisse de côté l'épuisement des sols forestiers en substances azotées. D'une part, il n'est pas très considérable; d'autre part, le sol d'une forêt, grâce à la *couverture morte* qui le recouvre et dont nous retrouvons partout le rôle tutélaire, grâce aussi aux *mycorhizes* qu'il contient, peut récupérer ses pertes en puisant de l'azote dans l'atmosphère, c'est-à-dire dans un réservoir d'une capacité infinie.

Il n'y a donc pas d'épuisement final à redouter de ce côté.

La situation n'est point, à mon avis, aussi pleinement rassurante en ce qui concerne les matières minérales. Peut-être suis-je d'un esprit trop inquiet? Je le souhaite. mais je prends cependant la liberté d'exposer mes raisons.

En 1875 mon excellent Maître, M. le professeur Henry, faisait exploiter dans la forêt de Haye des arbres de différentes essences feuillues [1], ayant tous la dimension de *perche*, et s'occupait aussitôt de déterminer pour chaque essence la proportion (en poids) existant entre les feuilles, les branches et la tige, — le taux d'eau de ces différentes parties, — enfin la proportion (en poids) existant entre l'écorce et le bois d'une tige. Plus tard, il détermina pour chacune des parties de l'arbre — et pour chaque essence — le taux des cendres pures et, dans ces cendres, le taux des principales matières minérales (acide phosphorique, potasse, etc.).

En utilisant toutes ces données et en faisant quelques calculs de proportionnalité, on arrive à ces conclusions que :

1° 100 kilogrammes de la partie aérienne d'un arbre [2], les feuilles étant laissées de côté, comprennent :

	kilogr.
Bois de tige	61
Écorce de la tige	9
Branches (avec leur écorce)	30
Total	100

2° Ces 100 kilogrammes renferment :

	CENDRES pures. grammes.
Dans le bois de tige	240
Dans l'écorce de la tige [3]	495
Dans les branches (avec écorce)	600
Total	735

3° En ce qui concerne les principales d'entre les matières minérales composant les cendres, leurs quantités sont les suivantes :

	ACIDE phosphorique. grammes.	POTASSE. grammes.	CHAUX. grammes.
Dans le bois de tige (61 kilogr.)	10,1	19,2	171,4
Dans l'écorce des tiges (9 kilogr.)	12,9	21,8	411,8
Dans les branches (avec écorces) [30 kilogr.]	30,0	56,4	430,2
Au total (100 kilogr.)	53,0	97,4	1,013,4

Or on admet qu'une forêt produit en moyenne, par hectare et par an, 3,300 kilogrammes de bois (à l'état sec). En supposant que les peuplements de cette forêt soient

[1] Hêtre, chêne rouvre, charme, coudrier, frêne, orme de montagne, érable champêtre, alisier terminal, cerisier, merisier, pommier sauvage, peuplier, tremble.

[2] Moyennes pour toutes les essences expérimentées; poids à l'*état sec*.

[3] L'écorce des tiges étant généralement exportée avec le bois, il convient d'en tenir compte, d'autant plus que son taux de cendres est très élevé : 5.5 p. 100 au lieu de 0.4 dans le bois.

exploités à l'âge où leurs arbres auront les dimensions de ceux expérimentés par M. Henry, c'est-à-dire celles de perches d'environ 10 centimètres de diamètre [1], les récoltes forestières auraient donc pris au sol des quantités de matières minérales correspondant à une dépense moyenne, par hectare et par an, qui s'établit ainsi :

		kilogr.
Total des matières minérales		44
Parmi lesquelles	Acide phosphorique	1,75
	Potasse	2,30
	Chaux	33,40

D'autre part, Ebermayer, dans les forêts bavaroises, a calculé que, dans une futaie de hêtre exploitée à l'âge de 120 ans, la consommation en matières minérales était en moyenne la suivante, par hectare et par an :

		kilogr.
Total des matières minérales		29,6
Parmi lesquelles	Acide phosphorique	2,9
	Potasse	4,7
	Chaux	14,4 [2]

En résumé, il semble que l'on puisse admettre que la consommation moyenne d'une forêt, par hectare et par an, soit la suivante :

		Kilogr.		Kilogr.
Total des matières minérales		30 à 44	soit environ	37
Parmi lesquelles	Acide phosphorique	2 à 3	—	2,5
	Potasse	2 à 5	—	3,5
	Chaux	14 à 34	—	24,0

Ces consommations sont évidemment très faibles si on les compare à celles des récoltes agricoles, ainsi que le fait ressortir le tableau ci-dessous [3] :

RÉCOLTES.	CONSOMMATION PAR HECTARE ET PAR AN.			
	MATIÈRES minérales.	ACIDE phosphorique.	POTASSE.	CHAUX.
	kilogr.	kilogr.	kilogr.	kilogr.
Blé	174	21,4	29,2	9,3
Foin	299	23,7	75,6	49,4
Pommes de terre	265	36,3	120,4	37,1
Récoltes forestières	37	2,5	3,5	24

Pourtant il est indéniable qu'une certaine quantité de matières minérales sont exportées du sol d'une forêt lors de toute exploitation. Répétées un grand nombre de

[1] Comme je le dirai plus loin, la dépense est beaucoup moindre si l'on exploite à des âges plus avancés, parce qu'alors la récolte comprend surtout des bois de gros calibre, relativement beaucoup moins riches en matières minérales.

[2] Sauf pour la potasse, dont le *hêtre* fait une grande consommation, les chiffres sont plus faibles que ceux de M. Henry. La raison en est que la récolte dans une futaie de 120 ans consiste uniquement en gros arbres.

[3] GRANDEAU, *Annales de la Science agronomique de l'Est*, 1878, p. 191.

fois, ces exportations doivent fatalement épuiser le sol s'il n'existe pas une source de récupération.

On a coutume d'en signaler une.

Dans tous les terrains, la région supérieure de la roche du sous-sol est constamment le siège de phénomènes de désagrégation et de décomposition dont le résultat est de mettre sans cesse en liberté de nouvelles substances minérales. Ces dernières seraient insuffisantes à entretenir la fertilité d'un sol agricole, mais peuvent assurer l'entretien de celle d'un sol forestier, et en voici les raisons :

1° La forêt consomme beaucoup moins qu'une culture agricole ;

2° En forêt, l'eau d'infiltration, qui a traversé la couverture morte en train de se convertir en terreau par oxydation lente de ses matières organiques, dissout une grande quantité d'acide carbonique, et cette eau *carbonique* arrivant au contact de la roche du sous-sol active énormément sa décomposition ;

3° Les racines des végétaux agricoles ne s'enfoncent pas assez profondément pour arriver dans le voisinage immédiat de la roche et utiliser les produits de sa décomposition ; la charrue même ne pénètre généralement pas jusqu'à ce niveau et ne peut brasser des couches aussi profondes avec les couches superficielles qui sont épuisées.

En forêt, au contraire, un grand nombre d'arbres enfoncent leurs racines jusqu'au contact de la roche. Ils bénéficient donc *directement* des produits de sa décomposition, et *ils en font bénéficier indirectement leurs voisins* dont les racines sont moins profondes : en effet, la majeure partie des matières minérales puisées par les racines des premiers de ces arbres passent dans leurs feuilles et tombent sur le sol lors de la chute de ces feuilles ; lesdites matières minérales entrent donc bientôt dans la composition de l'humus, puis de la terre végétale.

Tout cela est parfaitement exact, et rassurant... dans une certaine mesure.

Toutefois on ne peut s'empêcher de penser que les racines des arbres ne peuvent pas s'allonger indéfiniment. Or le niveau des couches de roches en décomposition sera toujours situé de plus en plus profondément. Qu'arrivera-t-il, le jour où les racines des arbres ne pourront plus l'atteindre?

Je sais bien que ce jour n'est pas très proche et que ni celui qui écrit ces lignes, ni ceux qui lui font l'honneur de les lire n'ont la moindre chance de le voir. Grandeau [1], examinant à ce point de vue quelques types de forêts, a calculé en effet que, dans une futaie de hêtre de la forêt de Villers-Cotterets, la consommation moyenne en acide phosphorique était par hectare et par an de 519 grammes ; le sol en contenait 939 kilogrammes à 1 hectare ; l'approvisionnement était donc assuré pour 1,813 années. Dans une futaie de sapin de la forêt d'Hérival, la consommation était de 1 kilogramme ; le sol en contenait 1.350 kilogrammes, soit une provision suffisante pour 1,350 années : et comme on pouvait évaluer à 5.865 kilogrammes le poids de l'acide phosphorique en réserve dans les couches superficielles du sous-sol, la forêt avait la subsistance assurée pour 6,000 années...

---

[1] GRANDEAU, *Annales de la Science agronomique de l'Est*, 1878, p. 318 et 320.

Oui, mais dans 1,300 ans, — même dans 6,000 ans, — il y aura encore des forêts occupant l'emplacement des forêts actuelles, et surtout il y aura près de ces forêts des hommes ayant besoin de leurs produits. Que se passera-t-il alors? Peut être les forestiers de cette époque seront-ils obligés d'apporter des engrais minéraux dans les forêts.... Nous ne pouvons le dire, mais peut-être serait-ce un acte de solidarité humaine de songer dès maintenant à cette lointaine échéance.

RÔLE ÉVENTUEL DES POUSSIÈRES ATMOSPHÉRIQUES.

Et tout d'abord, une question se pose : Peut-il exister une cause naturelle, autre que la décomposition de la roche du sous-sol, qui soit susceptible d'assurer indéfiniment la fertilité des sols forestiers?

Je n'en vois qu'une, et encore fera-t-elle sourire bien des personnes. Pourtant il ne faut pas oublier que l'épuisement d'un sol forestier en matières minérales *est tellement faible que le plus petit apport est appréciable*, et que telle source de récupération dont il serait ridicule de tenir compte *en agriculture* peut être très intéressante *en sylviculture*. J'écris ces lignes de préambule pour que l'on veuille bien réfléchir *avant de rejeter mon hypothèse*.

L'air atmosphérique, tout le monde le sait, est chargé d'une quantité considérable de poussières qui s'y trouvent en suspension, mais qui, finalement, se déposent sur le sol et s'incorporent à lui : les unes sont entraînées par les eaux météoriques; les autres tombent simplement en obéissant aux lois de la pesanteur. Il n'est pas impossible qu'elles lui apportent des matières minérales en quantité suffisante pour compenser les pertes consécutives aux exploitations forestières, mais il est difficile d'évaluer aujourd'hui l'importance de cet apport.

Les poussières de l'atmosphère, en effet, n'ont guère été étudiées que par les Hygiénistes[1] qui, se plaçant à un point de vue spécial, n'ont pas réuni des données qui puissent nous être très utiles : d'abord ils ont surtout étudié les poussières en suspension dans l'atmosphère des grandes villes, où ces poussières sont infiniment plus abondantes que dans l'atmosphère des régions forestières; ensuite ils se sont surtout occupés de rechercher parmi ces poussières les microbes dont la présence pouvait expliquer la propagation de certaines maladies épidémiques. Leurs études suffisent cependant à montrer qu'au point de vue qui nous occupe, les poussières de l'atmosphère ne sont pas *négligeables* a priori.

Nous trouvons d'ailleurs des renseignements répondant à nos desiderata dans les publications de G. Tissandier[2].

Une première série d'observations a consisté à recueillir les poussières contenues dans une certaine quantité d'air que, par aspiration, on faisait passer à travers un filtre : on a trouvé par ce procédé que 1 mètre cube d'air, à Paris, contenait 23 milli-

---

[1] Je dois à la grande obligeance de M. le docteur Paul Parisot, directeur du Service d'hygiène de Nancy, d'avoir pu consulter différents travaux : MIQUEL, *Étude sur les poussières organisées de l'atmosphère* (*Annales d'Hygiène*, 1879, t. II); *Des organismes vivants de l'atmosphère*. A. PROUST, *Traité d'hygiène*. A. GAUTHIER, OLIVIER et autres auteurs : diverses publications.

[2] G. TISSANDIER, *Poussières atmosphériques* (*Comptes rendus de l'Académie des sciences*, t. 68, 1874, p. 821) et *Corpuscules aériens et matières salines contenues dans la neige* (*ibid.*, t. 80, 1875, p. 58).

grammes de poussières, par temps de sécheresse, et 6 milligrammes seulement après les pluies abondantes.

Une période pluvieuse succédant à une sécheresse débarrasserait donc l'atmosphère de 17 milligrammes de poussières par mètre cube. Ces poussières, parvenant au sol avec la pluie, seraient donc un apport qui n'est point à dédaigner; mais, quelle est l'importance exacte de cet apport au cours d'une année? Il est impossible de le déduire des susdites observations, puisque cet apport dépend de l'épaisseur de la couche d'air qui se trouve être chargée de poussières, et aussi de la fréquence des périodes alternatives de sécheresse et de pluie, toutes choses difficiles à évaluer. Il ne faut pas négliger non plus ce fait que, malgré leur légèreté, beaucoup de ces poussières doivent tomber peu à peu sur le sol, même par le beau temps.

Plus intéressantes sont donc les observations par lesquelles G. Tissandier a cherché à mesurer le poids des poussières parvenant au sol dans une période de temps donnée. En disposant sur un toit, à une douzaine de mètres au-dessus du sol, une feuille de papier bien lisse et bien horizontale, d'une surface de 1 mètre carré, et en recueillant au pinceau les poussières qui s'y étaient déposées au cours de douze heures de nuit, G. Tissandier a trouvé que le poids de ces poussières variait, suivant les observations, entre 1 milligr. 5 et 3 milligr. 5 et qu'on pouvait adopter une moyenne de 2 milligrammes.

Cela ferait un total de :

4 milligrammes par mètre carré et par 24 heures.
1 gr. 46 par mètre carré et par an.
14 kilogr. 6 par hectare et par an.

C'est quelque chose, car ces poussières renferment une forte proportion de matières minérales. Pour la déterminer, G. Tissandier a fait analyser les poussières ramassées sur une tour de Notre-Dame de Paris, à 60 mètres de hauteur, tour dans laquelle personne n'avait pénétré depuis plusieurs années et où les poussières couvraient la pierre d'une couche de 1 millimètre d'épaisseur. Les résultats de l'analyse furent les suivants :

Matières organiques		32,27
Matières minérales	Solubles dans l'eau [1] … 9,22	
	Sesquioxyde … 6,12	
	Carbonate de chaux … 15,94	67,73
	Carbonate de magnésie … 2,12	
	Silice … 34,33	
	Total …	100,00

En appliquant ces chiffres au poids du sédiment annuel, on trouve que 1 hectare de terrain, sur lequel se déposent annuellement 14 kilogr. 6 de poussières, recevrait de ce fait un poids de matières minérales de

$$14,6 \times \frac{67.73}{100} = 9,89 \text{ kilogrammes.}$$

[1] Chlorures et sulfates alcalins, nitrate d'ammoniaque.

C'est quelque chose déjà, mais il nous faudrait 30 à 44 kilogrammes de ces matières minérales pour compenser l'épuisement du sol par les exploitations forestières.

Il n'est pas impossible que l'atmosphère puisse les fournir.

Notre calcul a pour base, en effet, le sédiment observé par G. Tissandier au cours d'une nuit calme et non pluvieuse [1].

Or les journées de pluie doivent faire un apport de poussières infiniment plus important. G. Tissandier a cherché à se rendre compte de l'importance des poussières apportées par la neige.

Opérant immédiatement après une chute de neige, il en a prélevé une certaine quantité, prise dans la région superficielle de la couche. et a dosé les poussières contenues dans un litre d'eau de fusion. Les résultats ont été les suivants [2] :

A Paris, dans une cour.	160 milligrammes.
A Paris, au sommet d'une tour de Notre-Dame	87
A la campagne	76

Par calcination des poussières, l'éminent observateur a trouvé que le taux des cendres était de 57 p. 100 à Paris, et de 61 p. 100 à la campagne. Les 76 milligrammes de poussières à la campagne contenaient donc 46 milligrammes de matières minérales.

En supposant — on en est réduit aux suppositions — que toutes les eaux météoriques contiennent la même proportion de poussières que la neige récoltée à la campagne par G. Tissandier, et que leur taux de cendres soit le même que celui de ces dernières, on calcule aisément que 1 mètre carré de terrain, dans une région où la pluviosité annuelle est de 70 centimètres, recevrait, par l'intermédiaire des pluies et des neiges, une quantité de matières minérales égale à $0,046 \times 700 = 32,2$ grammes, *soit 322 kilogrammes à l'hectare!*

Je m'empresse d'ajouter que la «campagne» citée par G. Tissandier devait se trouver dans la banlieue parisienne [3], c'est-à-dire être surmontée d'une atmosphère d'une limpidité plus que douteuse : il est vraisemblable que dans une région forestière les eaux météoriques parviennent au sol beaucoup moins chargées de poussières. Il faudrait donc que des observations de ce genre fussent entreprises *sur des points divers* de notre territoire, et surtout qu'elles fussent exécutées en *pleine campagne*, loin de toute grande agglomération urbaine, et loin de tout centre industriel : les fumées des usines, comme l'usure excessive du pavé des rues fréquentées, contribuent, en effet, bien certainement à surcharger l'atmosphère d'une quantité de poussières tout à fait anormale, et l'on ne peut à cet égard comparer l'atmosphère surmontant une forêt d'épicéa dans le Haut-Jura à celle de la rue de Rambuteau . . .

Il est bien entendu, d'ailleurs, que de telles observations ne pourront être faites qu'en terrain découvert, dans une friche ou dans un pâturage, car, sous le couvert d'un peu-

---

[1] Le dispositif adopté ne pouvait servir par temps de pluie, car l'eau, ruisselant sur la feuille de papier, eût entraîné les poussières.

[2] Moyennes des deux observations, faites après la neige du 16 décembre 1874 et celle du 21 décembre suivant.

[3] L'extrait de la note de G. Tissandier ne précise pas la localité.

plement forestier, les feuilles mortes, les brindilles, les insectes tombant des cimes des arbres, etc., fausseraient immédiatement les résultats.

La grosse difficulté est d'installer un appareil susceptible de mesurer les quantités de poussières qui se déposent à l'unité de surface. Les Hygiénistes se servent d'appareils aspirateurs faisant passer un courant d'air à travers un tampon de coton : ce système ne peut fonctionner que par intermittence et sous la surveillance à peu près constante d'un opérateur expérimenté.

Il ne permet pas, d'ailleurs, de récolter les poussières apportées par les eaux météoriques. La feuille de papier utilisée par G. Tissandier ne peut, elle non plus, être laissée en expérience pendant un temps bien long : la moindre averse entraînerait toutes les poussières.

L'appareil idéal doit être tel qu'il puisse tout à la fois :

1° Fonctionner en l'absence de toute intervention de l'homme pendant une année entière ;

2° Recueillir également celles des poussières qui se déposent par le beau temps et celles qu'apportent les pluies et les neiges ;

3° Filtrer les eaux météoriques assez *énergiquement* pour retenir les substances solides, — et *assez vite* pour donner la certitude que le récepteur ne débordera jamais, si longues ou si violentes que puissent être les averses ;

4° Permettre que l'on puisse non seulement peser les substances recueillies, mais encore traiter la masse filtrante à chaud par l'acide nitrique pour dissoudre ces substances en vue d'une analyse chimique, sans que la solution acide se charge de matériaux pris au corps filtrant lui-même.

Il semble que l'on obtiendrait ce résultat en établissant un appareil du modèle ci-dessous :

Le récepteur est un entonnoir en zinc dont l'ouverture a une suface de 1 ou de 0,5 m. q. (dans un plan horizontal) ; il est délimité par un rebord semblable à celui d'un pluviomètre. Peut-être conviendra-t-il de donner à ce rebord une hauteur suffisante pour retenir toute l'épaisseur de neige qui pourrait se déposer.

Le récepteur est percé en son centre d'une ouverture débouchant dans un tube en zinc de 10 centimètres de diamètre et courbé en forme d'U. Des deux branches de l'U, qui sont disposées verticalement, l'une, la branche A, supporte le récepteur et a 50 centimètres de hauteur. L'autre, B, n'a que 45 centimètres ; elle est fermée à sa partie supérieure par un tamis.

Le tube est rempli de sable très fin et préalablement lavé à l'acide chlorhydrique : le sable remplit les deux branches du tube jusqu'à une hauteur de 30 centimètres au-dessus de leur point de jonction.

Le sable, bien entendu, a été pesé à l'état sec avant d'être introduit dans l'appareil. Il est permis de supposer que toutes les poussières tombant sur le récepteur seront entraînées dans le tube par les eaux de pluie et qu'elles seront retenues par le sable. Je crois aussi que l'eau pourra déborder par l'orifice de la branche B du tube assez vite, pour que les eaux de la branche A ne refluent jamais dans le récepteur.

Il sera facile, après un an d'exposition à l'air libre, de mesurer le poids total des poussières retenues par le milieu filtrant et aussi d'en faire l'analyse chimique, puisqu'on pourra traiter à chaud par l'acide nitrique toute la masse de sable (après une calcination destinée à réduire en cendres les manières organiques)[1]. On aura ainsi une solution renfermant toutes les matières minérales intéressantes dont le sol se serait enrichi sur le point considéré.

Une difficulté qui me paraît assez sérieuse est qu'il est impossible de prévoir un transport à longue distance, par voiture ou par chemin de fer, de l'appareil *chargé de sable filtrant*. Des particules de sable risqueraient de s'échapper, d'où modification du poids. En outre, le frottement du sable pourrait user les parois et détacher les particules de zinc qui se dissoudraient ultérieurement dans l'acide nitrique et fausseraient les résultats de l'analyse. Le mieux serait peut-être que le laboratoire chargé de préparer les observations et d'en centraliser les résultats[2] envoyât à destination l'appareil vide et le sable à part, dans un flacon de verre.

Les détails d'une semblable organisation ne peuvent être établis tant qu'un ou plusieurs appareils n'auront pas été construits et mis en expérience à proximité d'un laboratoire.

Quoi qu'il en soit, il est permis de supposer que les renseignements à espérer de ces recherches en justifient la tentative.

MOYENS DE DIMINUER L'APPAUVRISSEMENT EN MATIÈRES MINÉRALES.

Les observations que nous proposons fourniront-elles la preuve que les poussières atmosphériques apportent au sol forestier des quantités de matières minérales suffisantes pour compenser *complètement* les pertes que lui font subir les enlèvements de récoltes forestières ? En d'autres termes, permettront-elles d'affirmer que toute crainte d'épuisement d'un sol forestier est illusoire ? Il serait téméraire de l'affirmer, et je crois à propos de résumer ci-dessous les moyens dont nous disposons pour retarder l'échéance — d'ailleurs lointaine, nous l'avons vu — de cet épuisement.

En première ligne se place l'observation des règles essentielles de la sylviculture : respect absolu de la *couverture morte* des forêts, dont l'enlèvement ne doit être toléré à aucun prix, — adoption des méthodes culturales capables d'assurer la régénération naturelle en découvrant le sol le moins longtemps et le moins complètement qu'il sera possible[3], culture de peuplements mélangés[4], etc.

En outre, il est bien établi qu'une récolte de bois est d'autant moins épuisante en

---

[1] GRANDEAU, *Analyse des matières agricoles.*

[2] Il me sera permis de dire que la Station de Recherches de l'École nationale des Eaux et Forêts serait particulièrement désignée pour entreprendre ces observations.

[3] Le « découvert » du sol entraine toujours son *dessèchement* : alors les feuilles mortes de la couverture se décomposent d'une façon défectueuse et leur décomposition aboutit à la formation d'humus *acides*, défavorables à l'entretien de la fertilité du sol.

[4] Quand la couverture morte est formée de feuilles provenant d'essences forestières diverses, sa décomposition en humus, *doux* ou *neutre*, est mieux assurée.

matières minérales, — à poids égal, — qu'elle est composée d'axes ligneux d'un *calibre plus gros*, c'est-à-dire d'un âge plus élevé. Cela revient à conseiller l'adoption des *longues révolutions* dans l'aménagement des forêts, à préférer par conséquent le régime de la *futaie* à celui du *taillis*, et, quand ce dernier régime est seul possible, à n'exploiter les taillis qu'à des âges avancés (25 à 30 ans).

Les observations justifiant ce que je viens de dire sont toutes concordantes et, d'autre part, assez nombreuses. Je rappellerai seulement quelques chiffres bien connus de tous ceux qui s'intéressent à ces questions, et que j'emprunte au remarquable *Traité* de M. le professeur Henry. M. Henry résume les teneurs en matières minérales dans un tableau [1] que je reproduis partiellement :

	HÊTRE. p. 100.	BOULEAU. p. 100.	ÉPICÉA. p. 100.	SAPIN. p. 100.
Menu bois servant à faire les fagots.....	2,40	0,75	2,01	2,30
Rondins (avec l'écorce)...............	1,34	0,35	0,79	0,48
Bois de quartier (avec l'écorce)........	0,66	0,33	0,49	0,45

D'autre part, des auteurs allemands ont calculé que les quantités de potasse et d'acide phosphorique [2] contenues dans les récoltes forestières correspondaient à des consommations moyennes, par hectare et par an, égales à [3] :

	HÊTRE.		ÉPICÉA.		PIN SYLVESTRE.	
	POTASSE.	ACIDE phosp.	POTASSE.	ACIDE phosp.	POTASSE.	ACIDE phosp.
Si les arbres sont exploités à l'âge de 40 ans..............	11^{kg}58	//	8^{kg}40	3^{kg}70	4^{kg}02	1^{kg}85
60 ans...............	10 91	//	7 56	3 06	3 22	1 46
80 ans...............	10 66	//	6 78	2 76	2 80	1 26
100 ans...............	10 44	//	6 00	2 40	2 50	1 13
120 ans...............	9 80	//	5 22	2 04	2 30	1 04

Ces chiffres suffisent à montrer que l'on fait une économie de matières minérales d'autant plus considérable que l'on exploite les peuplements forestiers *à des âges plus avancés*. Ils condamnent les exploitations en taillis *à courte révolution*, où la récolte consiste à peu près uniquement en bois de fagots et justifient la tendance actuelle à cultiver des *arbres de futaie*, produisant surtout du bois de tige, c'est-à-dire de gros calibre.

Mais une question se pose immédiatement dans le même ordre d'idées, et je crois devoir lui consacrer quelques lignes, ne serait-ce que pour montrer l'insuffisance de notre documentation à ce sujet.

Parmi nos essences feuillues, quelques-unes fournissent des bois ayant des qualités spéciales qui les font rechercher par certaines industries et leur donnent une grande

---

[1] E. HENRY, *Les sols forestiers*, p. 241.
[2] Pour-cent de bois *sec* (écorces comprises).
[3] Observations faites sur des peuplements ayant vécu dans des sols fertiles.

valeur. L'utilité de plusieurs de ces bois a d'ailleurs été reconnue pour la fabrication des crosses de fusil, des avions et, d'une façon générale, pour les besoins de la défense nationale. Une circulaire de M. le Conseiller d'État, Directeur général des Eaux et Forêts, a donc recommandé l'extension de la culture de ces essences dans les forêts françaises. Or il se trouve que toutes ces essences, en particulier le frêne, l'orme, le noyer, sont considérées comme *très exigeantes* au point de vue des substances minérales. La question se pose alors de savoir dans quelles limites leur culture peut se concilier avec l'entretien de la fertilité des sols forestiers. Ce serait un tort, en effet, de considérer *a priori* les *deux choses comme inconciliables* : dire qu'une essence forestière est *exigeante* ne signifie pas forcément que sa culture soit *épuisante*, et je voudrais essayer de le démontrer.

Les essences forestières ont été classées en essences très exigeantes, peu exigeantes,... frugales, etc., d'après la teneur en substances minérales de *leurs feuilles*. Pour qu'elles puissent se développer normalement, il faut donc que le sol ait un certain degré de fertilité [1]. Mais nos *récoltes forestières* n'exportent pas les *feuilles*, qui doivent faire retour à l'humus et, par suite, à la terre végétale. Nous exportons seulement du *bois* et des *écorces* [2]. Il en résulte que la culture des essences exigeantes nécessitera un sol fertile, mais n'appauvrira pas fatalement celui-ci : tout dépend de la teneur en substances minérales non pas des feuilles, mais du bois avec son écorce.

Les dosages faits par M. le professeur Henry sur différentes essences de la forêt de Haye, et que j'ai cités au début de ce travail, peuvent nous servir ici encore.

J'ai dressé les tableaux ci-contre pour permettre d'établir une comparaison facile entre les essences très exigeantes — ou *disséminées* (voir la note 1) — et les essences moyennement exigeantes, ou *sociales*. Les chiffres que je donne pour les premières sont les moyennes arithmétiques entre les chiffres calculés pour le frêne et pour l'orme de montagne. Les chiffres se rapportant aux essences sociales sont les moyennes entre ceux qui sont relatifs au chêne et au hêtre.

L'un des tableaux concerne les feuilles, l'autre le bois.

1. Teneur des feuilles en substances minérales.

ESSENCES.	TOTAL DES CENDRES. (3)	ACIDE PHOSPHORIQUE. (3)	POTASSE. (3)	CHAUX. (3)	MAGNÉSIE ET MANGANÈSE. (3)
Sociales..........	4,825	481	1,066	2,201	254
Disséminées.......	6,913	1,052	1,462	2,381	572

[1] Les essences très exigeantes ne se rencontrent, dans la plupart des forêts, que *disséminées* au milieu d'essences plus frugales : on les appelle essences *disséminées*. Les autres peuvent former des peuplements purs et sont dites « essences *sociales* ».

[2] On économiserait beaucoup de matières minérales en écorçant les bois avant de les exporter de la forêt; mais ce serait un travail bien dispendieux.

[3] Poids en grammes pour 100 kilogrammes de feuilles desséchées à 100°.

2. Teneur des tiges (avec l'écorce) en substances minérales.

ESSENCES.	TOTAL DES CENDRES. (1)	ACIDE PHOSPHORIQUE. (1)	POTASSE. (1)	CHAUX. (1)	MAGNÉSIE ET MANGANÈSE. (1)
Sociales.........	894	25	59	715	28
Disséminées.......	1203	35	70	953	47

La meilleure manière d'établir une comparaison est d'utiliser les chiffres contenus dans le tableau n° 2 pour calculer quel serait le poids de bois provenant d'essences sociales qui renfermerait autant de matières minérales que 100 kilogrammes de bois provenant d'essences disséminées. On trouve que 100 kilogrammes de bois provenant d'essences disséminées ont pris au sol autant que :

134 kgr. de bois provenant
    d'essences sociales, au point de vue total des matières minérales.
140   —   au point de vue de l'acide phosphorique.
119   —   —   de la potasse.
133   —   —   de la chaux.
168   —   —   de la magnésie.

En d'autres termes, à poids égal, une récolte de bois d'essences disséminées épuise le sol d'une quantité supérieure de 19 à 68 p. 100 à celle dont l'épuiserait une récolte de bois d'essences sociales.

Il n'est pas impossible de compenser ce surcroît de dépense par l'un des dispositifs suivants :

I. Constituer le peuplement pour un tiers seulement en essences disséminées, et pour les deux autres tiers en essences *très frugales*, telles que les aunes, les bouleaux ou les pins.

II. Exploiter les arbres à des âges avancés.

Ces deux dispositifs n'étant pas exclusifs, il sera sage de les combiner toutes les fois que l'on voudra cultiver des essences disséminées; mais l'on pourra, dès lors, faire cette culture en toute sécurité.

Je mentionne, en terminant, que les chiffres ci-dessus sont établis d'après les observations faites par M. Henry sur des bois *très jeunes*. Il serait intéressant de connaître la teneur exacte en cendres et en leurs principaux éléments d'un bois de frêne ou d'orme débité *dans la tige d'un gros arbre tel que ceux qui sont utilisés dans l'industrie*. De semblables analyses seraient bien désirables.

---

(1) Poids en grammes pour 100 kilogrammes de bois desséché à 100°.

TABLE DES MATIÈRES.

BIBLIOTHÈQUE NATIONALE — R F — IMPRIMÉS

www.ingramcontent.com/pod-product-compliance
Lightning Source LLC
LaVergne TN
LVHW020206030726
842520LV00003B/917